역사로 알아보는
자연과학의 이해

저자 **최재희**

지오북스

저자 **최 재 희**

- 아주대학교 외래교수
- 중앙대학교 외래교수
- 한국외국어대학교 외래교수
- 한성대학교 외래교수

저서 목록

- 자연과학의 역사
- 수의 세계
- 우주의 비밀
- 쉽게 읽는 과학이야기
- 생활환경 속 과학원리
- 공학수학의 기초
- 복소함수론

역서 목록

- Biology: Concepts and Investigations
- A Walk Through Combinatorics

역사로 알아보는 자연과학의 이해

초판인쇄　2020년 9월 1일
초판발행　2020년 9월 1일

저　　자　최재희
펴 낸 곳　지오북스
발 행 인　신은정
주　　소　서울 중구 퇴계로 213 일흥빌딩 408호
등　　록　2016년 3월 7일 제395-2016-000014호
전　　화　02)381-0706 │ 팩스 02)371-0706
이 메 일　emotion-books@naver.com
홈페이지　www.geobooks.co.kr

ISBN　979-11-87541-99-8
값 22,000원

이 책은 저작권법으로 보호받는 저작물입니다.
이 책의 내용을 전부 또는 일부를 무단으로 전재하거나 복제할 수 없습니다.
파본이나 잘못된 책은 바꿔드립니다.

머리말

　자연과학은 자연을 대상으로 하는 학문 분야이므로 주로 다루는 영역은 매우 광범위하다. 우리 주변 어디에서나 자연을 접할 수 있지만 다양한 자연 현상을 이해하기 위해서는 전문적인 지식과 관련 이론이 필요하다. 그런 이유로 과학을 전공으로 하지 않는 사람들의 경우, 자연과학은 골치 아픈 학문 분야로 인식될 수도 있다.

　본 교재는 이공계열 학생 뿐 아니라 인문계열 학생들에게도 필요한 과학의 기본 지식을 총 두 부분으로 나누어서 살펴보았다. 1부에서는 과학의 출발점이라 할 수 있는 인류의 고대 문명시대에서 과학의 발생 흔적 및 형성ㅇ 과정, 그리고 오늘날 과학의 기틀을 마련한 여러 과학자들의 업적 등을 시대별로 다루고 있다. 2부에서는 현대과학의 물리, 화학, 천문 및 생물학 분야에 이르는 다양한 개념과 기본 원리에 관한 내용들과 오늘날의 과학이 우리의 삶에 미치는 영향에 대한 내용들을 담고 있다.

　자연과학의 구체적이고 전문적인 내용과 그에 따른 수학적 접근은 해당 학과의 전공수업에서 다루게 될 것이므로 본 교재에서는 과학의 기본 원리나 개념에 충실하였다. 교양과목으로서 자연과학의 역사와 기본 개념의 이해를 정리함으로서 과학을 기피하는 사람들에게도 쉽게 접근하고자 하는 것이 저자의 의도이자 바람이다.

　마지막으로『역사로 알아보는 자연과학의 이해』를 통하여 독자들에게는 과학적 지식을 높이는 데에 다소나마 도움이 되고, 자연과학에 과한 지식을 좀더 알게 되는 계기가 되길 바란다. 이 교재의 편찬을 위해서 수고해 주신 지오북스 김남우 사장님 외 임직원 여러분들께 진심으로 감사의 말씀을 전한다.

2020. 8
저자 최재희

목차

1부 과학의 발자취 / 07

1장. 고대 문명의 과학: 점성술   8
1. 고대의 주요 문명   8
   1) 이집트 문명   8
   2) 메소포타미아 문명   12
2. 고대 그리스 문명   15
3. 점성술과 천문학   17

2장. 고대 그리스의 과학   20
1. 탈레스의 과학   20
   1) '비례의 신' 탈레스   20
   2) 이오니아 학파   22
2. 피타고라스의 과학   27
3. 아리스토텔레스의 과학   30
   1) 아리스토텔레스의 우주관   31
   2) 아리스토텔레스의 4원소 가변설   33
4. 히포크라테스의 과학: 의학   35
5. 데모크리토스의 과학: 원자론   37

3장. 경험과 관찰의 과학   39
1. 유클리드의 과학: 기하학   39
2. 아리스타르코스의 과학: 태양중심설   42
3. 아르키메데스의 과학: 원주율   44
   1) 아르키메데스의 부력 원리   44
   2) 아르키메데스의 원주율 계산   47
4. 에라토스테네스의 과학: 지구의 둘레 계산   49

4장. 중세 암흑기의 과학 · · · 53
   1. 프톨레마이오스의 과학: 지구중심설 · · · 53
   2. 중세 암흑기의 과학: 연금술 · · · 55
   3. 인도의 수학: '0'과 '음수' · · · 59

5장. 근대과학의 토대 · · · 61
   1. 페르니쿠스의 과학: 태양중심설 · · · 61
     1) 그레고리력 · · · 62
     2) 태양중심설 · · · 63
   2. 티코 브라헤의 과학: 신우주설 · · · 66
   3. 갈릴레이의 과학: 태양중심설 · · · 70
     1) 목성의 위성 · · · 71
     2) 태양의 흑점 · · · 71
     3) 낙체법칙 · · · 73
     4) 태양중심설 · · · 74
   4. 케플러의 과학: 3가지 법칙 · · · 76
     1) 타원궤도의 법칙 · · · 77
     2) 면적-속도 일정의 법칙 · · · 77
     3) 조화의 법칙 · · · 78
   5. 윌리엄 하비의 과학: 혈액순환론 · · · 79

6장. 근대의 과학 · · · 83
   1. 뉴턴의 과학: 만유인력의 법칙 · · · 83
     1) 관성의 법칙 · · · 85
     2) 힘-가속도의 법칙 · · · 86
     3) 작용-반작용의 법칙 · · · 87
     4) 만유인력의 법칙 · · · 88

  2. 로버트 훅의 과학: 세포의 발견   89
    1) 세포의 발견   90
    2) 목성의 대적점 발견   91
    3) 훅의 법칙   93
    4) 역제곱 법칙   93
  3. 플램스티드의 과학: 그리니치 천문대   94

7장. 전자기의 과학   97

  1. 유리병 속의 전기: 축전기 원리   97
  2. 갈바니의 과학: 동물전기   99
  3. 볼타의 과학: 화학전지   101
  4. 외르스테드와 앙페르의 과학: 전류와 자기장   104
    1) 전류의 자기장 유도 현상   104
    2) 앙페르 법칙   105
  5. 패러데이와 맥스웰의 과학: 전자기장   106
    1) 유도전류   106
    2) 전자기장   110
  6. 전자기파: 빛의 성질   112
    1) 빛의 입자성   112
    2) 빛의 파동성   115

8장. 보이지 않는 세상의 과학   119

  1. 생물의 발생   119
    1) 레디의 실험: 대조군 설치   120
    2) 레벤후크의 실험: 미생물 발견   121
    3) 스팔란차니의 실험: 자연발생설 반증   123
  2. 파스퇴르의 과학: 생물속생설   124
    1) 광학이성질체의 발견   125
    2) 백조목 플라스크   126

　　　　3) 광견병과 예방접종　　　　　　　　　　　　　　128
　　3. 면역의 과학: 천연두　　　　　　　　　　　　　　　129

2부　과학의 업적 / 133

9장. 생명의 과학　　　　　　　　　　　　　　　　　　134
　1. 생명의 현상　　　　　　　　　　　　　　　　　　　134
　　　1) 진화　　　　　　　　　　　　　　　　　　　　　134
　　　2) 유전자　　　　　　　　　　　　　　　　　　　　139
　　　3) 물질대사　　　　　　　　　　　　　　　　　　　150
　2. 감염과 면역　　　　　　　　　　　　　　　　　　　153
　　　1) 미생물　　　　　　　　　　　　　　　　　　　　153
　　　2) 감염성 질병　　　　　　　　　　　　　　　　　　156
　　　3) 면역의 형성　　　　　　　　　　　　　　　　　　161

10장. 물질의 과학　　　　　　　　　　　　　　　　　　164
　1. 원자로 이루어진 세상　　　　　　　　　　　　　　　164
　　　1) 원자론: 더 이상 쪼개지지 않는다　　　　　　　　164
　　　2) 원자 구조　　　　　　　　　　　　　　　　　　　166
　2. 원소주기율표　　　　　　　　　　　　　　　　　　　171
　　　1) 주기율과 주기율표　　　　　　　　　　　　　　　171
　　　2) 전자의 배치　　　　　　　　　　　　　　　　　　173
　3. 화학결합　　　　　　　　　　　　　　　　　　　　　179
　　　1) 이온결합　　　　　　　　　　　　　　　　　　　179
　　　2) 공유결합　　　　　　　　　　　　　　　　　　　180
　4. 원자핵의 반응　　　　　　　　　　　　　　　　　　　181
　　　1) 방사능의 유형　　　　　　　　　　　　　　　　　181
　　　2) 자연 방사능과 반감기　　　　　　　　　　　　　184

    5. 물질의 반응   186
        1) 산화-환원반응   186
        2) 산-염기 반   188

11장. 우주의 과학   190

    1. 우주의 나이   190
        1) 동적인 우주론   191
        2) 정적인 우주론   199
        3) 도플러 효과   201
    2. 별의 세계   203
        1) 열역학법칙: 에너지   203
        2) 태양에너지   207
        3) 별의 일생   211

PART 1.
과학의 발자취

1장.
고대 문명의 과학: 점성술

1 고대의 주요 문명

1) 이집트 문명

오리엔트(Orient, '해뜨는 동쪽') 문명이라고도 하는 이집트 문명은 기원전 3000년경 이집트 나일강 하류에 위치한 오리엔트 지역에서 발생하기 시작했다. 이집트 문명은 나일강과 인접한 곳에 위치하고 있었으므로 우기에는 강의 잦은 범람으로 인한 피해가 발생하였다. 범람했던 강물이 빠져나간 후에 강 상류에서 밀려온 풍부한 광물질 덕분에 강 하류 부근의 토양은 꽤 비옥했다. 사람들은 비옥한 토양을 찾아 농사를 짓기 위해 점점 모여들게 됨에 따라 관개(灌漑, irrigation) 농업을 위한 강력한 통치 권력과 실용적인 기술이 절실히 필요했던 것이다. 그 결과 이집트 문명이 발생할 수 있었는데, 메소포타미아 문명과 거의 동시대에 함께 발전했던 이집트 문명은 유럽의 고대 문명인 고대 그리스와 로마 문화 형성에 이바지하기도 했다.

[그림 1.1] 고대 주요 4대 문명의 발상지

이집트 문명은 사후 세계에 인간의 진정한 행복이나 평화가 있다고 믿었던 영혼불멸의 내세적 신앙을 지녔으며, 그들의 종교는 다신교지만 그 중에서도 최고신은 태양신이었다. 미이라(mummy)나 피라미드, 스핑크스 및 사자의 서(死者의 書, Book of the dead) 등은 그들의 내세적 신앙에서 비롯된 것임을 잘 알 수 있는 흔적들이다. 특히 '사자의 서'는 죽은 사람의 부활과 영생을 위한 주술성이 강하며, 미이라와 함께 매장되는 두루마리 형태로 기록된 장례에 관련된 문서이다. 현존하는 사자의 서 중에서 기원전 1240년에 기록된 '아니의 파피루스(papyrus of Ani)'가 대표적인데, 서기관이었던 아니(Ani)와 그의 아내가 저승을 여행하고 신 앞에 서는 장면을 묘사한 그림이 담겨 있을 뿐 아니라 죽은 사람의 영생을 염원하고, 신을 칭송하는 찬가들의 내용이 기록되어 있다. 이는 1888년에 그리스의 옛 도시인 테베(Thebai)에서 발견되어 현재 영국 박물관에 소장되어 있다.

[그림 1.2] 스핑크스(sphinx): 왕의 권력을 상징하기 위하여 왕궁이나 신전 앞에 세운 석상

당시 이집트는 사면이 사막과 바다로 막힌 폐쇄적인 지형 덕분에 오랫동안 통일 왕조를 유지할 수 있었으며, 최고의 통치자인 파라오(Paraoh, '태양신의 아들')가 왕으로서 절대적인 권력을 행사했다. 그 이름에서 알 수 있듯이 왕이 신을 대신하여 통치하는 정치 형태로서 정치에 종교가 결합된 신권 정치가 발달했다는 것을 알 수 있다

[그림 1.3] 나일강 유역이 서식지인 파피루스

나일강의 범람으로 인한 피해를 방지하기 위해 그들은 미래의 기상현상을 예견할 필요에 따라 정기적인 변화를 나타내는 하늘의 움직임에 관심을 두고 관찰한 결과 역법(曆法)을 계산하기에 이르렀다. 당시 그들은 태양신을 숭배했기에 태양을 중심으로 계산하는 태양력을 만들었는데, 이는 현재의 달력과 마찬가지로 1년을 365일로 계산하였다.

[그림 1.4] 히에로글리프

뿐만 아니라 이집트인들은 나일강 유역에서 생산되는 파피루스(papyrus) 나무의 줄기를 잘라서 그 껍질을 벗긴 줄기의 흰 속을 가늘게 찢어 건조시킨 후 매끄럽게 만든 파피루스를 오늘날의 종이(paper) 용도로 사용하였다. 사물을 있는 그대로 관찰하여 표현한 상형문자인 히에로글리프(Hieroglyph, 신성문자)를 신전의 벽, 무덤 내부 또는 파피루스에 기록하였다.

실용을 목적으로 했던 이집트인들은 그들의 학문에서도 토목기술이나 측량술 또는 기하학 분야에 많은 관심을 쏟았고, 셈법은 10진법(decimal system)을 사용하였다. 사람의 손가락 개수와 같은 수 '10'을 단위로 하여 자릿수를 올리는 10진법은 현재까지도 사용되고 있는 셈법이기도 하다.

[그림 1.5] 쿠푸(Khufu)왕의 피라미드: 돌 270만개, 203 계단,
한 변의 길이 230.7m, 높이 146.7m)

(1) 미이라

건조한 상태로 원형에 가까운 사체를 영구보존한 미이라는 영혼불멸 신앙을 잘 엿볼 수 있는 장례풍습이자 이집트 문명의 대표적 산물일 것이다. 살아있는 사람들이 죽은 사람의 사체를 잘 보존하면 육체를 떠났던 영혼이 언젠가는 다시 그 육체로 깃들 것이라는 그들의 내세적 신앙에 기인한다는 의미일 것이다.

미이라를 제작하기 위해서는 가늘게 구부러진 금속 막대를 죽은 사람의 귓구멍 속으로 넣어 뇌의 골수를 꺼내고, 칼로 사체의 배를 갈라서 창자를 꺼낸 후 빈 공간을 향료로 채운다. 탄산소다(Na_2CO_3) 용액에 두 달 이상 담근 과정을 거친 사체는 수분이 제거되어 수분 함량이 약 50% 이하가 되는데, 세균의 증식이 현저하게 감소하게 되므로 더 이상의 부패는 진행되지 않는다. 이후 흡습성이 좋은 흙이나 모래 위에 사체를 눕히고, 건조하고 통풍이 잘 되는 장소에서 보관하는 방식을 취한다. 이 과정에서 이집트인들은 식물의 방향성 오일(aroma oil)을 사용했는데, 주로 시더우드(cedarwood), 클로브(clove, 정향), 육두구, 몰약 등의 식물에서 추출한 것이다. 이는 식물에서 추출한 휘발성 오일로서 방부 효과가 있었으며, 최초의 향수(perfume)인 '카이피(kyphi)'를 치유와 종교적 의식 용도로 사용했던 것을 알 수 있다.

(2) 린드 파피루스

린드 파피루스(Rhind Papyrus, BC. 2000)는 1858년 스코트랜드의 고고학자 린드(Alexander Henry Rhind)에 의해 세상에 알려지게 되었다. 테베에 있는 작은 고대 건물의 폐허 속에서 발견되었다는 상당히 커다란 파피루스 하나를 린드가 이집트 남부 룩소르(Luxor)에서 구입하였다. 린드가 사망한 후 그가 구입했던 파피루스는 영국 박물관에 소장되어 있으며, 이는 현재 가장 오래된 수학서로 알려져 있다. 이집트어로 기록된 이 고문서는 기원전 1788~1580년에 걸쳐 이집트의 서기(書記)인 아메스(Ahmes)가 예전부터 알려져 있던 수학에 관한 지식들을 기록한 수학책이다. 따라서 린드의 파피루스를 '아메스의 파피루스'라고도 한다.

아메스의 파피루스에는 분수 표기법, 분수 계산이 응용된 여러 산술 문제, 농경지 면적과 관련된 여러 가지 기하문제 등이 기록되어 있다. 뿐만 아니라 원의 면적을 계산할 때에는 원주율 π를 $3.1604\cdots$ 로 사용하였는데, 이는 고대 메소포타미아나 고대 중국이 오랫동안 3으로 사용했던 π값에 비교한다면 상당히 정밀한 수치라고 할 수 있다.

[그림 1.6] 아메스의 파피루스

2) 메소포타미아 문명

메소포타미아(Mesopotamia)는 '두 강 사이의 땅'이란 뜻으로 비옥한 반달 모양의 티그리스강(Tigris River)과 유프라테스강(Euphrates River) 유역을 중심으로 번영한 고대 문명이다. 고대 주요 4대 문명 중에서 이집트 문명만큼이나 오래되었고, 다른 문명의 근간이 메소포타미아 문명이라고 할 수 있다. 강 사이에서 형성된 이 문명은 강의 잦은 범람이 불규칙적이었으므로 치수(治水)와 관개농업 등의 대규모 사업이 필요함에 따라 많은 사람들이 모여들게 되면서 교역과 상업 활동이 활발한 편이었다.

메소포타미아의 한 지역인 수메르(Sumer, '갈대가 많은 지역')는 홍수와 강의 잦은 범람으로 당시 치수가 어려웠을 뿐 아니라 치수가 절실했던 곳이기도 하다. 수메르인들은 기원전 3000년대 말 경 인류 최초로 점토에 쐐기문자(설형문자)를 새겨 사용하기 시작했다. 그들은 점토를 이용하여 신전을 쌓기 위한 벽돌을 만들었으며, 부드러운 점토판에 갈대를 펜으로 이용하여 쐐기문자를 사용하였던 것을 보면, 수메르 문명이 점토 문명의 기초가 되었다는 의미이기도 하다.

[그림 1.7] 점토판에 새긴 쐐기문자

메소포타미아 지역에서도 농업상의 필요에 의해 역법, 천문학 및 수학 등의 실용적인 문화가 발달하였고, 태양의 운행을 바탕으로 하던 이집트인들과는 달리 달의 차고 기우는 모양을 바탕으로 한 태음력을 제작해서 이용했다. 태음력은 1년을 12개월로, 1개월을 30일로 나누고 3, 4년에 한 번씩 윤달을 마련한 것으로서 후세에 널리 사용되었다. 7일을 1주일로 정하고, 1일을 24시간으로 나눈 것도 그들에게서 비롯되었다.

천문학의 상당한 발달로 인해 일식이나 월식이 일어날 시기를 미리 알기도 했을 뿐 아니라 60진법(sexagesimal system)에 따른 셈법이 발달했다. 곱하기와 나누기는 물론, 분수 계산도 가능했으며, 시간이나 각도를 측정하는 데에도 60진법을 응용하여 1시간을 60분, 1분을 60초, 그리고 원의 각도를 360°로 나누었다.

당시 형성된 도시들은 점토로 제작된 벽돌을 이용하여 쌓은 높은 담으로 둘러싸여 있었으므로 각 도시들은 독립성이 강한 편이었지만, 이러한 도시국가의 형태가 연합되어 있었다. 그들은 우주가 형성되는 그 시기부터서 각 도시를 할당받아 다스린다고 여겼던 도시의 주신(主神)을 믿었기 때문에 도시의 중심부에 웅장한 규모의 신전과 '성탑(聖塔)' 또는 '단탑(段塔)'이라고도 불리는 '지구라트(Ziggurat)' 신전을 세웠다. 이는 고대 메소포타미아의 여러 지역에서 발견되는 신전으로서 하늘에 있는 신들과 지상의 인간들을 연결하기 위한 목적으로 지표면보다 높게 설치된 건축물이다. 후에 그들은 더 높은 신-인간의 연결 통로를 원했으므로 지구라트의 높이는 더욱 높아지게 되었으며, 이는 이집트 문명의 피라미드와 견줄 수 있다.

[그림 1.8] 지구라트

그들은 해, 달, 별 등의 천체가 인간의 운명을 지배한다고 믿었기 때문에 천체의 움직임을 관측함으로써 앞날을 예견하려는 점성술에 많은 관심을 가졌으며, 이는 천문학과 역법의 발달을 촉진시키는 계기가 되었다.

2. 고대 그리스 문명

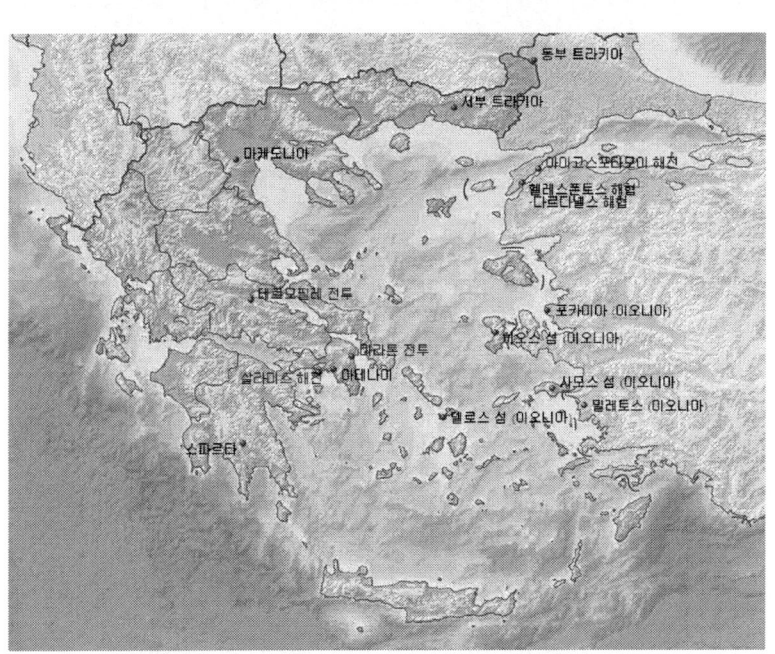

[그림 1.9] 고대 그리스의 지형(기원전 5세기)

고대 그리스는 아테네(Athene) 지역을 중심으로 기원전 800년경부터 200년경까지 약 1,000년 간 지중해를 중심으로 번성했던 문화를 지니고 있는 국가이다. 높은 산과 많은 섬들로 이루어진 그리스는 인근 지역들과의 교류를 위해서 해상(海上)을 이용하지 않을 수 없었다. 하나의 커다란 영토에서 형성된 나라들과는 달리 작은 도시국가 형태인 폴리스(Polis)가 형성되었으며, 수많은 도시국가들 중 가장 발달한 곳이 바로 아테네였다. 대부분의 도시국가들은 도시 한 가운데에 위치한 높은 언덕에 아크로폴리스(acropolis)라는 신전을 세웠고, 그 신전 아래에는 토론과 상업 활동을 하는 장소인 아고라(agora)도 있었다. 도시국가들은 같은 신을 숭상하였기에 동족 의식이 강했고, 4년마다 한 번씩 올림피아 제전을 개최하기도 하였는데, 이는 운동경기를 통해 올림푸스(Olympus)의 신들에게 제사를 지내는 것이었다. 올림피아 제전의 5종목인 달리기, 창던지기, 원반던지기, 멀리뛰기와 레슬링 경기에서 이긴 우승자는 월계관을 받았다.

[그림 1.10] 고대 그리스 올림피아 제전의 모습

이와 같이 당시 그리스 사람들은 부분적으로는 결합을 이루었으나 독립성이 강해서 도시국가를 중심으로 하는 통일된 국가를 형성하지는 않았으며, 필요에 따라 여러 도시국가들 간에 동맹을 맺는 형식을 취하였다. 이러한 도시국가 체제는 거대한 영토 내에서 형성되었던 국가에서는 찾아볼 수 없는 그리스만의 독특한 특징이기도 하다.

[그림 1.11] 아테네의 아크로폴리스에 위치한 파르테논(Parthenon) 신전

그리스 신화에 등장하는 다양한 신화적 인물들과 그 관련 내용들은 현재까지도 전승되어 서양 언어에 고스란히 담겨있다. 그리스 신화에 등장하는 프로메테우스(Prometheus)의 아내 이름이 '아시아'이며, 제우스(Zeus)에게 속임을 당하여 크레타 섬으로 유배된 여왕의 이름이 '유로파(Europa)'라는 것을 상기한다면, 아시아와 유럽 대륙의 이름이 어디에서 유래했는지 알 수 있을 것이다.

일반적으로 고대 그리스는 서구 문명의 기틀을 다지고 풍부한 문화를 남긴 것으로 알려져 있다. 그리스 문명은 후에 알렉산더에 의해 오리엔트 문명으로 융합되어 헬레

니즘 문화로서 특히 로마 제국에 커다란 영향을 끼쳤으며, 언어, 정치, 교육 제도, 철학, 과학 및 예술에 업적을 남겼을 뿐 아니라 18세기와 19세기 유럽과 아메리카에서 일어난 르네상스(Renaissance) 운동의 원천이 되었다.

3 점성술과 천문학

점성술(Astrology)은 그리스어로 'astro(별, star)'와 'logy(학문, science)'의 합성어로 '별에 관한 학문'을 의미하므로 천체에 대한 관심과 지식을 전제로 한다. 사실 과학이 이렇다 할 발달을 이룩하기 시작하는 17세기 이전에는 점성술과 천문학은 거의 같은 단어로 통용되었기에 천문학자가 점성술사였고, 점성술사가 곧 천문학자이기도 했다.

보통 점성술이라고 언급할 수 있을 정도의 체계화된 방법은 고대 바빌로니아(Babylonia)와 중국에서 시작되었다. 별의 모양이나 밝기 또는 별자리 등을 고려하여 한 나라의 안위와 개인의 길흉화복을 점치는 술법은 고대 이집트와 메소포타미아 등의 영향을 받아 후에 고대 그리스나 로마에서 점성술로 정착되었다.

[그림 1.12] 스톤헨지

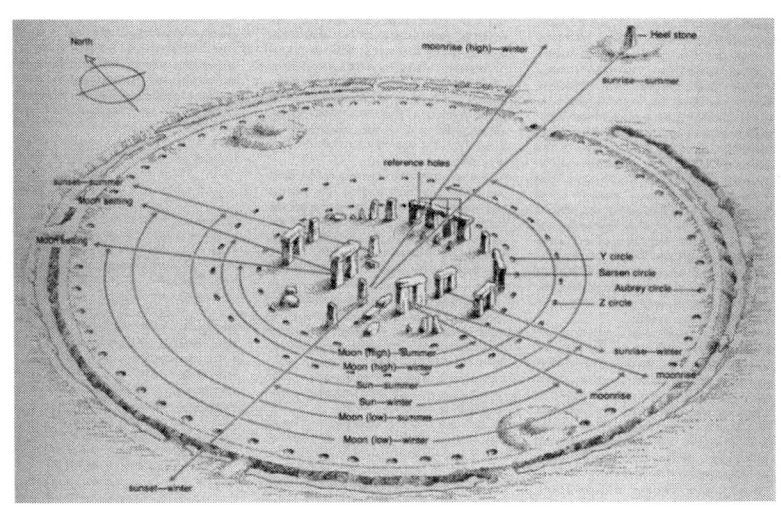

[그림 1.13] 스톤헨지 배치도

영국 남부에 자리하고 있는 거석주(巨石柱)라고도 하는 스톤헨지(stonehenge)는 환상열석(環狀列石)의 유적으로 높이 8m, 무게 50t인 거대 석상 80여 개로 이루어져 있다. 스톤헨지가 '위에 올려놓은 돌'을 의미한다는 점을 감안한다면, 이 석재물의 구조 방식을 짐작할 수 있을 것이다. 스톤헨지에는 바깥쪽 원을 이루고 있는 셰일(shale) 석재와 안쪽 원을 이루고 있는 블루스톤이 사용되었다. 크기가 작고 모양이 불규칙한 블루스톤을 바깥쪽 원의 셰일 위를 따라 가로 눕혀 배치되어 있다. 그 중앙에는 편평한 제단석이 놓여 있으며, 셰일 서클 바깥쪽으로 떨어진 곳에 힐스톤(Hill Stone)이라는 돌이 우뚝 서있다. 스톤헨지가 고대의 태양 신앙과 결부되고, 하지(夏至)의 태양이 힐스톤 위에서 떠올라 중앙제단을 비추었던 시기가 방사성 연대측정 결과와 유사한 시기인 기원전 1850년경이라고 추정된다.

'천문학(Astronomy)'이란 단어는 그리스어로 'astro(별, star)'와 'nomy(법칙, law 또는 rule)의 합성어이다. 이는 우주 전체에 관한 연구 및 우주 안에 있는 여러 천체들에 관한 연구로서 자연과학의 한 분야를 차지하고 있다. 천문학은 점성술, 달력의 제작 및 항해 등에 이용되기 때문에 실용적인 필요성에서 발달되었으며, 시간과 공간에 관한 가장 기본적인 관측을 하는 학문이라 할 수 있다. 따라서 천문학은 인류의 문명이 시작되는 고대 문명 시대부터 점성술이나 달력의 작성과 연관을 가지고 발달되었으므로 자연과학 가운데 가장 먼저 형성된 학문이기도 하다. 이후 천체에 대한 관심이 증가하면서 동시에 또 다른 대륙에 대한 위치를 확인하기 위한 항해를 하는 데에 이용되는 망원경의 발명이 있던 17세기 이후로 천문학은 커다란 발달을 이루게 되었다.

2장.
고대 그리스의 과학

1 탈레스의 과학

1) '비례의 신' 탈레스

밀레토스 학파의 시조이자 그리스 최초의 철학자인 탈레스(Thales, BC 624~546)는 만물의 근원(Arche, 아르케)을 추구한 인물로 잘 알려져 있다. 그는 생명을 위해서 필요 불가결한 '물'을 만물의 근원으로 여겼으며, 변화하는 만물 속에서도 일관되는 본질적인 것을 추구하였다. '만물의 근원은 물'이란 과학적 명제는 당시 자연을 바라보던 사람들의 시각을 샤머니즘 신앙에 의존하지 않고, 자연법칙으로 접근하여 세상에 대한 해석 방법을 바꾸었다는 이유로 아리스토텔레스로부터 과학적 방법으로 해석한 최초의 '과학자' 또는 '자연철학의 개척자'라는 평가를 받았다. 따라서 탈레스 이후 수많은 고대 그리스 학자들은 만물의 근원에 대한 연구에 관심을 기울였으며, 다양한 부류의 철학들이 등장하기에 이르렀다.

[그림 2.1] 탈레스

바다 건너 위치한 이집트나 메소포타미아 지역에 올리브 기름을 파는 상인이었던 아버지를 따라 탈레스는 이집트에 갈 기회를 얻을 수 있었다. 평소 고대 이집트 문명과 유적에 많은 관심이 있었던 탈레스는 웅장하고 거대한 이집트의 피라미드를 바라보며 그 높이를 측정하고 싶은 호기심이 생겼다. 피라미드 뒤편에서 비치는 햇빛으로 긴 그림자가 드리우고 있었다. 탈레스의 눈앞에 비치는 것은 자신의 그림자, 자신의 손에 쥔 막대와 막대의 그림자 그리고 눈앞에 서있는 피라미드와 그 그림자였다. 그는 막대의 그림자 길이를 근거로 간단한 비례식을 활용하여 피라미드의 높이를 측정했다고 한다([그림 2.2]). 즉 막대의 그림자 길이와 피라미드 그림자 길이는 막대의 실제 길이와 피라미드의 실제 길이와 같은 간단한 비례 방법이었다. 그런 이유에서인지 훗날 탈레스는 '비례의 신'이라고 불리기도 했다.

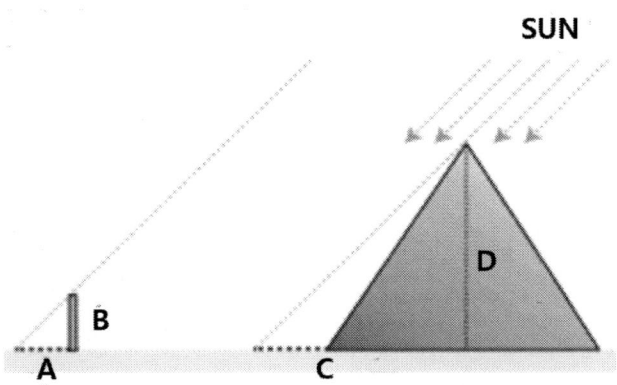

[그림 2.2] 비례식을 이용한 피라미드 높이 측정(A: 막대의 그림자, B: 막대의 높이, C: 피라미드 한 면 길이의 1/2 + 피라미드 그림자, D: 피라미드의 높이)

탈레스는 기원전 585년 5월 28일 일식(日蝕, Solar eclipse)이 일어날 것을 예언함으로써 세상 사람들을 놀라게 하였다. 당시 달에 의해 태양의 일부 또는 전체가 가려진다는 것을 예언하는 일은 감히 상상조차 할 수 없는 일이었기 때문이다. 그의 예언대로 일식은 일어났다. 탈레스는 단지 수학이 그 모습을 갖추기도 전에 수학을 학문의 수준으로 이끌어낸 수학자로서 뿐만 아니라 천문학자로서도 그 명성이 그리스 전역에 떨쳐지게 되었다.

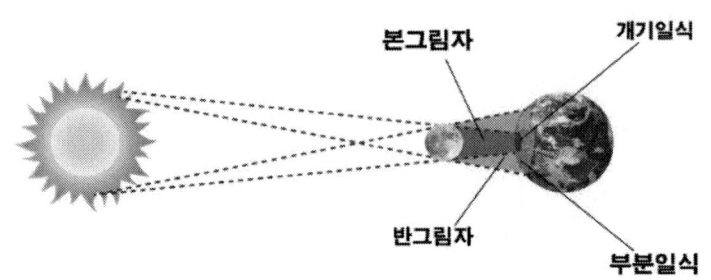

[그림 2.3] 일식: 지구-달-태양

2) 이오니아 학파

고대 그리스의 식민지였던 이오니아 지역은 육지와 바다를 끼고 있어서 고대 이집트 문명의 영향을 많이 받았다. 일찍부터 선진 문물을 접하는 기회가 많았기에 탈레스도 무역을 통해 이집트에서 선진 지식을 배울 수 있었으며, 그 결과 그는 실용적인 수학과 천문학을 바탕으로 한 기하학에 대한 개념을 정립하였다. 이오니아로 돌아온 탈레스는 그곳에 학교를 세우고 많은 제자들을 양성하여 본격적으로 기하학 연구에 몰두하기 시작하였다. 그의 제자들 중에는 유명한 수학자들도 있는데, 아낙시만드로스, 아낙사고라스, 아낙시메네스 등이 그들이다. 이 지역에서 탈레스를 중심으로 하는 그리스 최고(最古)의 철학자들을 통틀어서 '이오니아 학파(Ionian school)'라고 하며, 그들의 출신지 이름을 따서 '밀레토스 학파(Milesian school)'라고도 한다. 그들의 학문은 자연을 주제로 삼는 자연철학이었는데, 하나의 근본적인 물질을 찾아 이를 근간으로 자연을 주제로 삼았다. 탈레스를 중심으로 한 기하학에 관한 그들의 업적은 다음과 같다.

① 지름은 원의 면적을 이등분한다.
② 이등변 삼각형의 두 밑각은 같다.
③ 두 맞꼭지각은 같다.
④ 한 변과 양 끝각이 같은 삼각형은 서로 합동이다.
⑤ 지름에 대한 원주각은 직각이다.

탈레스는 위의 정리(定理, Theorem)에 대한 명쾌한 증명을 제공함으로써 고대 그리스 기하학의 공로를 쌓는 데에 커다란 영향력을 미쳤을 뿐 아니라 이를 실생활에 응용하는 데에도 힘썼다.

(1) 아낙시만드로스

[그림 2.4] 아낙시만드로스

탈레스의 제자인 아낙시만드로스(Anaximandros, BC 611~BC 546)는 이오니아 학파의 학자로서 물리적 관찰과 합리적 사고를 근거로 자연주의 우주론을 세운 최초의 인물로 알려져 있다. 천문학 연구로도 유명한 그는 기하학과 수학적 비례를 도입하여 천체의 지도를 작성하기도 했다. 그 결과 당시 신비적인 우주관에서 그의 이론은 벗어날 수 있었고, 이후의 천문학 발전에도 기여하게 되었다.

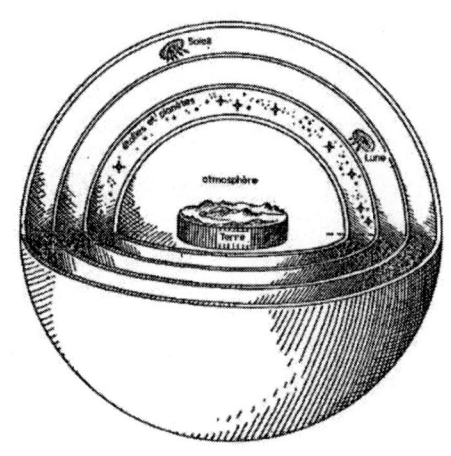

[그림 2.5] 아낙시만드로스가 생각한 원통형 지구

아낙시만드로스의 이론에서 주목할 만한 새로운 점은 '지구가 우주의 다른 부분에 매달려 있거나 떠받쳐져 있다'는 기존의 생각을 거부했다는 것이다. 그 대신 지구는 아무런 받침대 없이 우주의 중심에 자리 잡고 있으며, 어떤 방향으로든 움직이지 않고 정지해 있는 원통형이라고 주장했다. 그리고 원통형 지구 주위를 해, 달, 별들이 돌고 있으며, 편평한 지구 표면 위에 사람들이 살고 있다고 여기고, 그는 탈레스의 우주론을 토대로 세계 최초의 세계지도를 제작했다.

[그림 2.6] 아낙시만드로스가 고안한 최초의 세계지도

아낙시만드로스는 우주가 '아페이론(apeiron)'이라고 하는 '무한한 것'으로부터 생겨나며, 계속해서 끊임없이 나고 죽는 과정을 계속할 것이라고 주장했다. 이는 만물은 아페이론에서 생겨나고, 죽어서 다시 아페이론으로 돌아간다는 의미이다. 그의 스승 탈레스가 만물의 근원이 '물'이라고 한 것에 반해 아낙시만드로스는 더욱 근본적이고 형이상학적인 것을 추구했다. 그의 사상은 만물의 근원을 눈에 보이는 물질에서 취하려 하지 않고, 추상적 사고를 통해 추구하려는 경향을 지니고 있었다.

아낙시만드로스는 독특한 우주 진화론을 주장하면서 '세계가 근본 물질로부터 어떻게 생성되어 나왔는가'라는 문제에 대해 연구했다. 그에 따르면, 본래 모든 생명체들은 바다에서 살고 있었으며, 시간이 지남에 따라 바다 속 생명체들의 일부가 육지로 나와서 살기 시작했다는 것이다. 이러한 생명체들과 마찬가지로 인간도 바다 생물체에서 진화하여 육지에서 적응하며 살게 되었다고 하는 그의 주장은 오늘날 다윈(Charles Darwin, 1809~1882)의 진화론과 유사한 면이 있다.

(2) 아낙시메네스

고대 그리스 이오니아 학파의 철학자 탈레스와 아낙시만드로스의 뒤를 이어 만물의 근원을 '공기(air)'라고 생각했던 인물이 아낙시메네스(Anaximenes, BC 585~BC 526)이다. 그는 공기가 차가워지면 물이나 눈이 되고, 빽빽해지면 압축되어 흙이나 땅이 되며, 공기가 뜨겁고 엷어지면 불이나 천체가 된다고 주장했다. 즉 공기의 농축과 희박으로 구름과 바람, 얼음과 비가 형성되는 자연현상을 설명했다. 이런 방식으로 공기는 우주를 지탱하고 있다고 믿었던 아낙시메네스는 탈레스의 '물'보다는 다소 추상적이며, 스승인 아낙시만드로스의 '아페이론'보다는 다소 물질적이며 구체적이었다. 아낙시메네스는 무한히 많은 공기에서 모든 생명과 만물이 생겨나며, 호흡을 통해 공기는 생명체들의 영혼에까지 영향을 미치고 있다고 생각했던 것이다. 그는 존재하는 사물의 생성과 변화를 발견했고, 그 생성과 변화의 바탕에는 그것들을 움직이게 하는 원동력인 '혼'이나 '숨(pneuma)' 등이 있다고 말했다. 이와 같이 아낙시메네스는 탈레스와 아낙시만드로스가 미처 설명하지 못했던 물질의 변화 과정을 공기로 설명했다. 그는 양적 변화에 따라 세계를 설명하려고 하였으며, 이후 아낙사고라스, 원자론자 및 자연학자 등에게 많은 영향을 주었다.

[그림 2.7] 아낙시메네스

(3) 아낙사고라스

'자연철학의 시조'로 불리기도 하는 아낙사고라스(Anaxagoras, BC 500~BC 428)는 탈레스-아낙시만드로스-아낙시메네스로 이어지는 이오니아 학파의 대표 철학자들 중 한 인물이면서 레우키포스(Leukippos, BC 500~BC 440), 엠페도클레스(Empedocles, BC 490~BC 430), 데모크리토스(Demokritos, BC 460~BC 370)와 같은 원자론자들의 계보를 잇는 고대 그리스의 자연철학자이기도 하다. 하늘을 관찰하는 데 많은 시간을 할애한 아낙사고라스에게 당시 사람들은 그를 예언자라고 할 정도였다고 한다.

[그림 2.8] 아낙사고라스

아낙시메네스의 영향을 받아 천체의 모든 현상을 과학적이고 합리적인 방법으로 해석했던 아낙사고라스는 '태양은 신이 아니다'라고 주장했다는 이유로 고대 그리스 사람들 사이에 많은 반발을 일으키기도 했다. 당시 그리스인들은 자연을 신의 깊은 의지가 담긴 대상으로 생각했을 뿐 아니라 종교적 의미를 더해 신성한 형상으로 여겼기 때문이었다. 이로 인해 그는 신성모독죄로 재판에 회부되었고, 동시에 정치적 문제가 얽힘으로서 결국 사형선고를 받게 되었다.

정신과 물질에 구분을 했던 아낙사고라스는 만물의 제1원리를 '정신'으로 삼았으므로 만물의 근원을 '누스(Nous, 정신)'라 하였으며, '정신이 물질에 질서를 부여한다'는 것이다. 오늘날 부분적으로 남아있는 그의 저서 「자연에 관하여」에서 아낙사고라스는 태양을 붉고 뜨거운 돌이라고 주장하고, 달은 지구처럼 흙과 돌로 이루어져 있으므로 산과 들이 있고, 생물과 사람들이 살고 있다고 했다.

또한 그는 달이 태양 아래에 있다는 것을 발견하고 일식에 대한 올바른 주장을 하였다. 태양과 별은 불인데, 태양과 달리 우리가 별들의 열기를 느끼지 못하는 것은 너무 먼 거리에 떨어져 있기 때문이며, 달빛은 태양빛이 반사된 것이라고 생각했다.

2 피타고라스의 과학

탈레스를 중심으로 하는 이오니아 학파가 합리적이고 실용적인 것들을 추구했다면, 이후 등장하는 피타고라스(Pythagoras, BC 580~BC 500)를 중심으로 하는 피타고라스 학파(Pythagorean School)는 다분히 종교적 신비주의가 가미되었다고 할 수 있다. 피타고라스 학파는 그리스 철학의 대표적인 분파로 이오니아 학파에 이어 두 번째로 등장했다.

[그림 2.9] 피타고라스

피타고라스는 스승 탈레스의 권고에 따라 이집트로 가서 선진 문물을 배울 수 있었다. 그 기회를 통해 그는 수학의 시야를 넓힐 기회를 갖게 되었고, 이후 고향에 돌아와서 종교색이 짙은 학교를 세워 많은 사람들을 가르쳤으나 얼마 되지 않아 정치적인 오해와 박해를 받게 되어 학교를 더는 지탱할 수 없게 되었다. 이를 견디지 못한 피타고라스가 고향을 떠나서 새롭게 정착한 곳은 그리스 식민지인 크로톤 섬(Croton Island)이었다. 그곳에서 피타고라스는 학술 연구 단체이면서 동시에 수도원 성격을 띤 최초의 철학공동체인 피타고라스 학파를 설립했다.

피타고라스는 '철학자(philosopher)'라는 말을 만들어서 학파의 교육이념으로 지정하고, 모든 사물을 자신이 연구하는 정수(整數, integer)의 규칙에 결부시켜서 정수 연구에 더욱 심취하게 되었으며, 수의 역할을 중요시하여 만물의 근원을 '수(number)'라고 생각했다. 그는 단순히 수치 계산이 아닌 수 그 자체의 성질에 관한 정수론에 상당한 관심을 가지고 있었던 것이었다. '숫자(numeral)'는 수를 나타내는 데에 사용하는 기호, 즉 0, 1, 2, …, 9로 나타내지만, '수'는 이를 포함한 크기나 양, 순서 등을 나타낸다. 가령 꽃 두 송이나 책 두 권은 모두 '둘'에 해당하는 수를 말하고, 이를 숫자로 표현한 것이 숫자 '2'가 되는 것이다. 따라서 '수'는 '숫자'에 비하여 비물질적인 의미를 내포하고 있다. 피타고라스의 주장에 의하면, 수는 모든 물질이 존재하는 물질적 원리나 근원이라는 것이다. 따라서 세상에 존재하는 모든 사물들을 수로 표현할 수 있었으며, 수가 물질 세계를 구성하고 있다는 말이다. 나아가서 피타고라스 학파는 수와 도형을 연결시키는 시도를 했다. 모든 도형을 이루는 점, 선, 면, 입체도 물질적이다. 물질세계는 점, 선, 면, 입체로 이루어져있기 때문이다. 여기에서 피타고라스는 점, 선, 면, 입체가 각각 수 1, 2, 3, 4에 해당한다는 주장을 내세웠다.

 그가 아는 수의 세계에는 오로지 '정수'만 존재하였으므로 피타고라스가 생각한 만물의 근원은 '수'이며, 수의 관계에 따라서 질서 있는 '코스모스(cosmos)'가 형성될 뿐 아니라 '수학은 영혼 정화의 수단'이라 주장하였다. 수를 만물의 원리로 삼은 그의 생각은 수학 및 천문학 발달에 좋은 거름이 되었다.

 직각삼각형의 세 변의 길이에 관한 '직각삼각형에서 밑변의 길이(a)의 제곱과 높이의 길이(b)의 제곱의 합은 빗변의 길이(c)의 제곱과 같다'는 피타고라스의 정리(Phythagorean Theorum)는 우리가 익히 알고 있는 수학의 대표적인 공식들 중 하나이다 ([그림 2.10]). 이는 직각삼각형의 두 변의 길이를 알면, 그로부터 나머지 한 변의 길이를 계산할 수 있음을 알려주고 있다. 직각삼각형의 세 변의 길이 사이에 $a^2 + b^2 = c^2$인 관계는 유클리드 공간(평면) 위의 임의의 직각삼각형에 대해서만 성립할 수 있다.

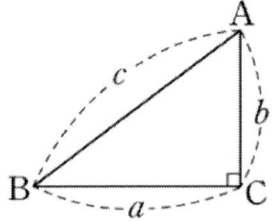

[그림 2.10] 피타고라스의 정리: $a^2 + b^2 = c^2$

피타고라스는 정수 연구에 빠져서 모든 사물을 정수의 규칙에 결부시키려 하였으므로 정수와 정수의 비로 모든 기하학적 대상을 표현할 수 있다고 믿었다. 그가 아는 수의 세계에는 단지 정수만 존재했고, 정수 이외의 수를 언급하지 않아도 모든 것이 정수로 표현될 수 있었다. 그도 그럴 것이 당시 '무리수'는 아직 생겨나기 이전이었기 때문이다. 그러던 어느 날 피타고라스의 제자들 중 히파수스(Hippasus)는 직각삼각형에서 직각을 낀 두변의 길이가 각각 1cm일 때 빗변의 길이를 정수로 표현할 수 없다고 생각하게 되었다.

[그림 2.11] 히파수스

'유리수(rational number)' 또는 '유비수(有比數)'란 정수 p와 정수 q를 비(ratio)로 나타낼 수 있는 수인 반면, '무리수(irrational number)' 또는 '무비수(無比數)'란 정수 p와 정수 q를 비로 나타낼 수 없는 수를 의미한다. 이후 피타고라스 학파는 한 변의 길이가 1cm인 정사각형의 대각선 길이가 $\sqrt{2}$가 되고, 이는 비로 나타낼 수 없는 수임을 증명하게 되었다. 유일한 수로서 정수만을 인정했던 그들의 수의 세계에 드디어 정수가 아닌 무리수가 등장하게 되었던 것이다.

3 아리스토텔레스의 과학

고대의 위대한 철학자이자 과학자인 아리스토텔레스(Aristoteles, BC 384~BC 322)는 스승 플라톤의 가르침을 받고, 알렉산더(Alexander the Great, BC 356~BC 323) 대왕의 개인 스승을 담당한 이후 학교 리케이온(Lykeion)을 개설하여 많은 제자들을 배출하였다. 이는 페리파토스 학파(peripatetics, 소요학파, 消遙學派)의 기원이 되었다. 전반적으로 볼 때, 스승 플라톤이 감각의 역할을 무시하고, 수학적인 면을 중시했다고 한다면 이와 달리 아리스토텔레스는 감각과 경험을 강조하였다. 그의 경험주의적 자연관에 따르면, '자연에는 질서가 있다'는 생각이 깔려있다는 것을 알 수 있다.

[그림 2.12] 아리스토텔레스

형식 논리학의 창시자로도 알려진 그는 과학의 다양한 분야에 있어서도 많은 업적을 가지고 있다. 오늘날에는 아리스토텔레스 사상의 대부분이 시대에 뒤떨어진 것으로 여겨지지만, 우리가 기억해야 할 것은 그의 업적에는 합리적 접근이라는 기본 사상이 놓여 있다는 점이다. 이는 하나의 결론을 끌어내기 위해서는 경험적인 관찰과 합리적인 추론 모두를 활용해야 한다는 것을 의미한다. 이러한 태도는 전통주의, 주술적인 미신, 신비주의에 반대하는 자세로서, 그 후 서양 문명에 많은 영향을 미치게 되었다.

아리스토텔레스는 생물학을 비롯한 실용 과학에 많은 관심을 기울였는데, 그의 저서는 대략 총 170여 권 이상으로 알려져 있다. 특히 과학 관련 저서는 당시 과학에 관한 백과사전으로 통용될 정도였다고 한다. 그의 관심 분야는 천문학에서부터 물리학, 해부학, 생리학 등에 이르기까지 매우 다양한 과학 분야에 걸쳐 있었다. 뿐만 아니라 과학 이외의 분야인 윤리학, 형이상학, 신학, 정치학, 수사학 등에 이르는 아리스토텔레스의 저서를 보면, 그의 관심 영역을 충분히 짐작할 수 있다.

훗날 아리스토텔레스의 영향력은 회교 철학에까지도 이르렀다고 한다. 중세 이슬람의 철학자 중에서 가장 유명한 아베로에스(Averroes, 본명 이븐 루슈드, Ibn Rushd, 1126~1198)는 회교 신학과 아리스토텔레스의 합리주의를 통합하여 새로운 철학을 창시하려고 시도했으며, 아리스토텔레스의 저서에 주석을 붙이는 일에 몰두하기도 했다. 또한 중세의 유태인 사상가로서 가장 영향력이 컸던 마이모니데스(Maimonides, 1137~1204)도 아리스토텔레스의 철학과 유태교와의 통합을 시도했다. 이러한 시도 중에서 가장 이름 있는 저서는 토마스 아퀴나스(Thomas Aquinas, 1225~1274)의 「신학대전(Summa Theologiae)」이다. 이 책에서 아퀴나스는 신의 존재 증명을 위하여 합리적 추론으로 접근하면서 신앙과 이성의 조화를 추구하였으며, 아리스토텔레스의 사상을 여러 차례 인용하기도 했다.

1) 아리스토텔레스의 우주관

경험주의적인 자연관과 자연의 질서를 강조했던 아리스토텔레스는 과학의 여러 분야 중 특히 생물학 분야에서 많은 저작 활동을 하였다. 현존하는 그의 저서 가운데 1/5 이상이 생물학 분야이며, 대표 저서로는 「동물의 발생에 관하여(On the Generation of Animals)」와 「영혼에 관하여(De anima)」가 있다. 아리스토텔레스에 따르면, 식물이나 동물 등의 생명체는 자연적 목표나 목적을 가지고 있기 때문에 이 목적을 충분히 알아야만 생명체의 구조와 성장을 설명할 수 있다고 생각했다. 그의 생물학 분야의 연구 가운데에서도 동물학 연구는 특히 동물해부를 실시해서 해당 분야의 지식을 얻었다고 한다.

아리스토텔레스의 우주관은 주로 형이상학적 원리와 고대 문명의 중심이었던 메소포타미아와 이집트의 천체관측이 그 토대를 이루고 있다. 그는 '우주의 시작과 끝이 존재하지 않는다'고 생각했는데, 이는 중세에 이르러 '신이 우주를 창조했다'고 믿는 기독교 신학과 충돌하는 요인으로 작용하기도 했다. 아리스토텔레스의 영원한 우주 체계에는 달을 경계로 하여 천상계(superlunar)와 지상계(sublunar)의 구분이 있었다. 그가 생각하는 천상계는 불변하고 완전한 반면, 지상계는 변화하고 불완전하며 생성과 소멸

이 있다. 그러기에 두 세계를 구성하는 원소도 각기 다르다고 생각했다. 지상계는 물, 불, 흙 그리고 공기, 4가지 원소로 구성되지만, 천상계는 무게, 색, 냄새도 없는 완벽한 물질인 제5원소 에테르(aether, '항상 빛나는 것')로 구성된다고 주장했다.

뿐만 아니라 이 두 세계에서의 운동을 명백히 구분 지었는데, 천상계에서는 원운동이, 지상계에서는 가벼운 것은 본연의 위치로 올라가고 무거운 것은 아래로 내려가는 직선운동이 자연스러운 운동이라고 여겼다. 그가 의미하는 자연스러운 운동이란 물체가 지닌 본래의 속성인 반면에, 비자연스러운 운동은 반드시 외부에서 운동 원인이 접촉해서 작용해야 한다고 구분 지었다.

과학이라고 할 만한 체계가 마련되지 않았던 당시에는 발을 딛고 서있는 지구라는 땅덩이를 중심으로 하늘의 모든 천체들이 움직인다고 여겼던 것은 당연한 생각일지도 모른다. 이와 같이 세상의 중심에서 움직이지 않고 고정되어 있는 지구 주위를 달, 수성, 금성, 목성, 토성, 태양 등이 원궤도를 돌고 있다는 지구중심설(geocentrism, 천동설) 우주관을 처음으로 제시한 인물이 바로 아리스토텔레스이다. 그의 천동설 우주관은 극히 단순해서 행성들의 '역행' 운동을 설명하기에는 부족함이 많았다.

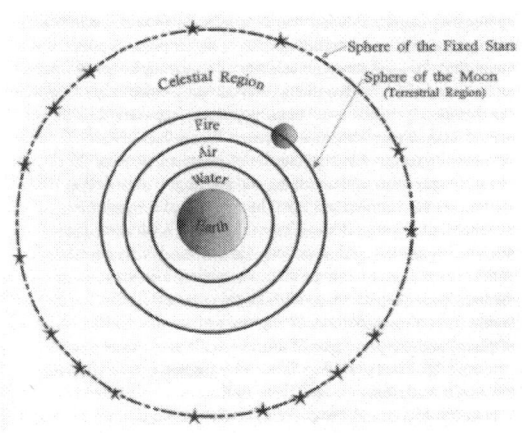

[그림 2.13] 아리스토텔레스의 천동설

이후 아리스토텔레스의 우주관 체계를 이슬람의 철학자들은 그대로 수용하게 되었다. 변화가 심하고 타락한 지상계와 순전하고 불변한 천상계의 구도를 그렸던 종교인들의 이해와 그의 우주관이 적절히 맞물리면서 중세 우주론을 형성하기에 이르렀다.

하지만 아리스토텔레스의 우주체계는 16세기에 들어서면서 도전을 받기 시작했다. 코페르니쿠스와 함께 '태양중심설(heliocentrism, 지동설)'이 등장했기 때문이다.

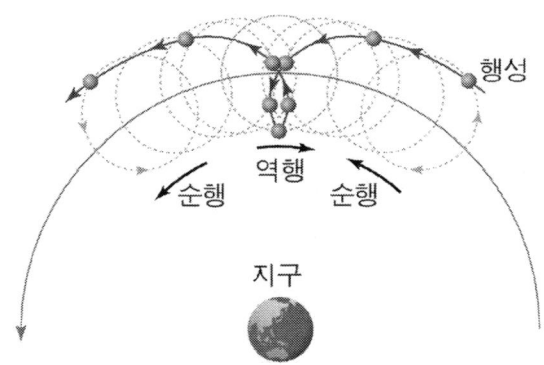

[그림 2.14] 행성의 순행과 역행

아리스토텔레스의 자연철학이 근대과학과 유사한 점도 있지만, 전반적인 자연관에는 상당한 차이를 보인다. 고대 그리스 세계에서 자연은 관찰의 대상이지 조작의 대상이 아니었기에 그의 '경험적' 관찰이라는 것은 근대적 의미의 '실험적' 관찰과는 다소 거리가 있다.

한편 아리스토텔레스는 자연철학과 수학이 다른 범주에 속한다고 보았기에, 그의 자연철학은 비수학적인 특징을 가지고 있었다. 그리스 자연철학에서는 전반적으로 자연과 인공의 엄격한 구별이 있어서 본질적인 것과 현상적인 것의 뚜렷한 구별이 있었으며, 과학과 기술은 구별되어 있었다. 훗날 근대과학의 대표적 특성이 되는 수학적, 경험적 및 기계적인 면들이 그리스 과학에는 모두 존재하고 있었다. 플라톤과 피타고라스에게서의 수학적 성격, 아리스토텔레스에게서의 경험적 성격, 그리고 레우키포스(Leukippos, BC 500~BC 440)와 그의 제자 데모크리토스(Democritos, BC 460~BC 370)에게서의 유물론적 및 기계적 성격은 고대와 중세를 통해 각각 전해지다가 16~17세기에 이르러 합쳐지면서 근대과학이 출현하게 된 것이다.

2) 아리스토텔레스의 4원소 가변설

자연현상들에 대한 과학적 원리를 찾고자 하는 시도에서 '만물은 무엇으로 이루어져 있는가?'라는 질문에 처음으로 답을 제시한 인물은 탈레스이다. 탈레스는 만물의 근원을 '물', 아낙시메네스는 '공기', 헤라클레이토스(Heracleitos, BC 540~BC 480)는 '불'로 여겼던 일원론과 달리, 엠페도클레스(Empedocles, BC 490~BC 430)는 다원론을 주장하면서 '물, 공기, 불에 흙을 더한 네 가지 원소'인 4원소설을 주장했다. 이는 세상을 구성하는 한 원소가 다른 원소로의 변화하는 일은 없다고 생각했던 것이다. 그렇지만 아리스토텔레스는 네 가지 원소가 각각 지닌 따뜻함, 차가움, 건조함, 습함의 적절한 조합으로 인해 서로 다른 원소로 변할 수 있다고 주장하였다.

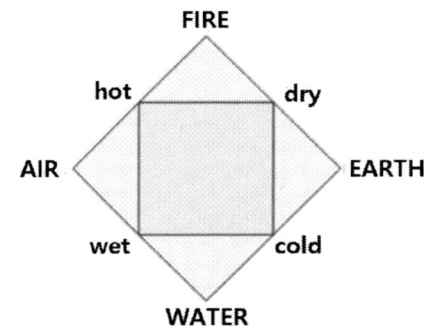

[그림 2.15] 아리스토텔레스의 4원소 가변설

아리스토텔레스의 학문적 주장을 절대적으로 옳다고 믿었던 중세시대에는 그의 4원소 가변설이 그대로 수용되었다. 4원소 가변설에 따르면, 모든 물질은 네 가지의 원소가 각각 적절한 비율에 맞추어 조합되어 있다. 따라서 값싼 금속에서 네 가지 원소의 비율만 맞춘다면 값비싼 금을 만들 수 있다고 믿었기에 중세시대 연금술사들은 값싼 금속을 금으로 바꾸려고 하는 연금술에 매료되기도 했었다.

이후 값싼 금속으로 금을 만들려는 연금술은 중세 아랍 및 유럽 화학자들의 주된 관심사항이었다. 물론 연금술사들이 금을 만드는 데에는 실패를 거듭했으나 그 과정에서 여러 새로운 화학물질과 그에 관련된 기구가 개발되고, 그 과정에서 증류나 추출과 같은 화학적 방법들과 화학 물질들의 특성이 밝혀지는 뜻하지 않은 긍정적 결실을 얻기도 했다.

4원소 가변설은 인류에게 2,000여 년 동안 지지를 받았으나 지난 19세기 초반 완전히 폐기되었다. 그에 관한 오류는 '일정한 온도에서 주어진 기체의 부피와 압력은 반비례한다'는 법칙을 발견한 영국의 과학자 보일(Robert Boyle, 1627~1691)에게서 발견되기 시작했다. 보일은 '원소란 기본적인 물질로서 더는 쪼갤 수 없다'라는 주장에 따르면, 불은 원소가 아니며, 공기는 순물질이 아닌 혼합물이다. 1766년 영국의 과학자 캐번디시(Henry Cavendish, 1731~1810)는 금속과 산을 반응시키면 가연성 공기인 수소(기체)가 발생하고, 이는 공기와 반응해 물이 되는 것을 발견했다. 이로써 물은 원소가 아닌 화합물이며, 공기는 혼합물이라는 것이 명백히 밝혀진 것이었다. 1770년 라부아지에(Antoine Laurent Lavoisier, 1743~1794)는 '연소는 물질이 산소와 반응하는 것이다'는 사실을 입증함으로 한때 유행했었던 플로지스톤설(phlogiston theory)[1]이 잘못된 이론으로 판명되었다.

4 히포크라테스의 과학: 의학

고대 명의로 잘 알려진 히포크라테스(Hippokrates, BC 460~BC 375)는 대대로 내려오는 성직자이자 의사 집안 출신이었다. 그의 할아버지와 아버지는 전설 속의 명의인 '의학의 신'이라 불리는 아이스쿨라피오스(Aesculapius)를 섬기며 의사로서 신전을 돌보는 일에 종사하였다. 그러한 환경에서 히포크라테스는 실제적이며 전문적인 의학 지식을 배울 수 있었다. 당시 사람들은 아이스쿨라피오스 신전에 와서 기도와 제사를 올리면서 치료를 받으면 자신의 병이 치료가 될 것으로 믿었기에 많은 환자들이 항상 그 곳을 찾았다.

[그림 2.16] 히포크라테스

---

[1] 불에 잘 연소되는 물질은 'phlogiston(불꽃)'이 함유되어 있으며, 연소과정에서 플로지스톤은 공기 중으로 방출되어 나간다는 내용을 담고 있다.

히포크라테스는 인접한 그리스나 이집트에서 선진 문물과 의술에 대한 많은 지식을 쌓은 후 사람들에게 의술을 가르치는 학교를 세웠다. 제자들을 가르치고 여러 환자들을 치료했던 자신의 풍부한 경험을 바탕으로 의학 관련 서적을 집필하기도 하였다. 특히 그는 환자들의 질병의 원인을 파악하는 데 많은 시간을 할애했으며, 합리적인 사고와 관찰을 중시하였다. 저서 「히포크라테스 전집(Corpus Hippocraticum)」에서는 그의 이론과 주장을 기술하고 있을 뿐 아니라 그의 가르침을 받은 제자들과 후대 의학도들에 의한 내용도 담고 있다.

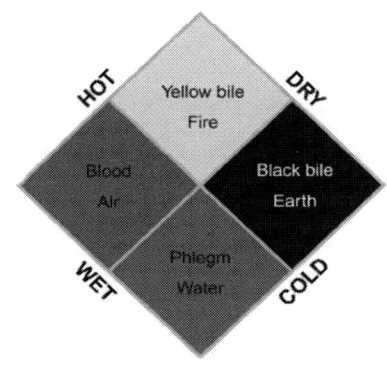

[그림 2.17] 히포크라테스의 4체액설

체액론에 토대를 두고 있는 인체의 생리나 병리에 관한 그의 주장에 의하면, 인체는 네 가지 원소(물, 불, 흙, 공기)로 구성되어 있고, 그에 상응하는 네 가지(점액, 황담즙, 흑담즙, 피)의 체액이 있다는 것이다. 그의 4체액설은 엠페도클레스가 처음으로 주장했던 4원소설에 근거를 두고 있는데, 이들 네 가지 체액이 조화를 이룰 때를 '에우크라지에(eukrasie)'라 일컫고, 조화를 이루지 못할 때를 '디스크라지에(dyskrasie, 병든 상태)'라고 설명했다.

환자들을 돌보고 치료하면서 자신이 경험했던 여러 현상들 중 발열(fever)을 병이 나아가는 과정에 있는 반응이라 생각하였고, 질병 상태에서 치유되는 과정을 '피지스(physis)'라고 불렀다. 따라서 히포크라테스는 질병을 치유하기 위해서는 피지스를 돕거나 방해하지 않는 것을 치료의 원칙으로 삼게 되었다.

5. 데모크리토스의 과학: 원자론

[그림 2.18] 데모크리토스

그리스의 철학자로서 원자론 발전에 중요한 역할을 했던 데모크리토스(Democritos, BC 460~BC 370)의 물리학과 우주론은 스승 레우키포스(Leukippos, BC 500~BC 440)의 이론을 체계화한 것이다. 레우키포스는 단지 직관에 의존해서 더 이상 나누어지지 않는 궁극적으로 작은 입자가 존재해야 한다고 생각했다. 이는 마치 멀리서 바라보면 해변은 연속적인 것처럼 보이지만, 가까이서 보면 해변은 작은 모래 입자로 구성되어 있는 것과 같은 이치이다. 데모크리토스는 이러한 스승의 생각을 확대했으며, 그는 이 작은 입자를 '$\alpha\tau o\mu o\sigma$(더는 쪼갤 수 없는 입자)'라고 불렀다. 원소의 작은 입자 단위를 오늘날 '원자(atom)'라고 부르는 것은 여기에서 유래한 것이다. 또한 그는 각 원자의 모양과 크기는 서로 달라서 독특할 것이라 생각했으며, 실제 물질은 다양한 원자의 혼합물일 것이라 주장했다.

데모크리토스는 세상의 변화하는 물리적 현상을 설명하기 위해 공간 또는 빈 공간도 실제 존재와 동등한 권리를 갖는다고 주장했다. 그의 원자론에 따르면, 빈 공간은 무한한 공간인 진공이며, 물질계에는 존재를 이루고 있는 무수한 원자들이 진공 속을 움직이고 있다. 원자들은 영원하고 더 이상 나눌 수 없을 만큼 작아서 눈에 보이지 않는다. 각 원자는 양적인 성질인 모양, 배열, 위치 및 크기 등은 같지만, 질적인 성질은 서로 다르므로 원자의 윤곽과 결합 상태의 차이가 있다.

따라서 데모크리토스는 세상에서 실제로 존재하는 것은 원자와 공간뿐이라 여겼다. 모든 현상은 동질의 영원한 원자로 이루어져 있기 때문에, 절대적인 의미에서는 새로 생겨나거나 사라지는 것은 아무것도 없다. 그러나 원자로 이루어진 복합체는 양이 늘어날 수도 혹은 줄어들 수도 있다. 이와 같이 데모크리토스는 기계적인 체계의 고정된 필연적 법칙을 제시했다.

3장.
경험과 관찰의 과학

1 유클리드의 과학: 기하학

이집트의 통치자였던 프톨레마이오스(Ptolemaios) 왕조는 알렉산드리아 도시에 최초의 대학인 알렉산드리아 대학을 세우고 많은 지식인들을 불러 모았다. 이는 오늘날의 대학과 유사한 형태의 교육기관으로서 이후 1,000여년의 긴 시간 동안 그리스인들의 학문의 중심지로서 그 역할을 담당했던 곳이기도 하다. 기하학의 창시자이며 수학의 역사에 중요한 업적을 세운 유클리드(Euclid, BC 330~BC 275)는 알렉산드리아 대학에서 수학을 지도하기 위해 왕의 부름을 받았던 것으로 여겨지며, 수학을 가르치면서 유명한 저서「원론(Element)」을 집필하게 되었다. 이 책이 유명한 이유는 바로 오늘날 우리가 배우는 기하학에 관한 거의 모든 기초 내용을 담고 있기 때문이다.

[그림 3.1] 유클리드

「원론」은 총 13권으로 구성되어 있는데, 당시 축적된 모든 수학 지식에서 주목할 만한 내용(원뿔곡선(conic section)[2], 구면기하 등)과 자신이 발견한 내용을 통합하여 기술

---

[2] 원뿔을 평면으로 잘랐을 때 생기는 다양한 곡선들로서 x, y에 관한 2차 방정식으로 표현 가능하다.

했다. 당시 토지 분배나 측량 등의 현실적 문제를 해결하는 도구로서 기하학의 지식을 활용했던 이집트나 바빌로니아 사람들과는 달리 그리스 사람들은 학문의 본질 접근에 더 많은 관심을 갖고 있었다. 그도 그럴 것이 그리스인들은 생명에 직결되는 의식주 문제가 어느 정도 해결된 상태였기 때문에 현실의 세계가 아닌 관념의 세계에서 더욱 본질적인 것, 즉 '이데아(idea)'를 추구할 수 있는 도구를 필요로 했던 것이다. 따라서 현실 세계에서 요구되는 실생활의 기술이나 계산술인 '로기스티케(Logistike)'를 노예들이나 지위가 낮은 사람들이 다루어야 하는 천한 기술 정도로 하찮게 여겼던 반면, 순수한 수(number)에 관한 지식을 다루는 '마테마티케(mathematike)'를 더 높이 평가하고 추구했다. 그렇다 하더라도 이러한 시대적 성향이 수학의 학문적 체계를 담고 있는 「원론」이라는 명저를 탄생하게 했을지도 모른다.

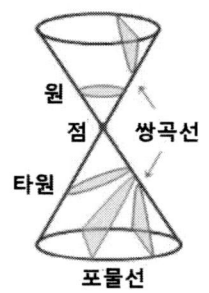

[그림 3.2] 원뿔곡선

고대인들은 발을 딛고 살고 있는 이 지구가 평면이라고 여겼기 때문에 자신이 살고 있는 육지나 바다 멀리 떨어진 곳의 끝부분에는 낭떠러지가 있을 것이라 추측하기도 했다. 이런 생각이 우리의 일상에서도 마찬가지로 적용되는 것을 알 수 있다. 정확히 말하자면, 지구는 곡률을 지닌 구형이지만, 지구 표면의 작은 부분을 평면이라고 간주하기도 한다.

기하학에는 유클리드 기하학과 비유클리드 기하학, 두 분야로 대별된다. 하지만 유클리드의 공리가 직관적인 명백함을 드러냈고, 절대적인 의미에서 참으로 여겨졌기 때문에 유클리드 기하학은 2천여 년 동안 '유클리드'라는 수식어를 굳이 필요로 하지는 않았다. 유클리드 기하학은 유클리드의 대표 저서인 「원론」에서 기술한 내용을 담고 있는데, 보통 우리가 배우는 평면에서의 기하학이 바로 이에 해당된다. 곡률이 '0'일

때 1차원 유클리드공간은 직선, 2차원 유클리드공간은 평면, 그리고 3차원 유클리드공간은 공간이 된다.

이후 모순이 없는 비유클리드 기하학이 생겨나기 시작했는데, 이는 '직선을 그릴 수 없는 공간을 생각하다가 형성된 기하학'이라고 한다. 여기에서 우리는 유클리드 공간에서의 사실이 그대로 적용되지 않는 몇 가지 의문을 만나게 된다. 가령 '삼각형의 내각 크기의 합은 180°이다'라는 것은 누구나 알고 있는 사실이다. 책상 위에 그린 삼각형의 내각 크기의 합은 180°이다. 이제 책상보다 더 큰 면적에 그린 삼각형을 생각해보자. 넓은 축구장에 그린 삼각형의 내각의 합도 180°일까? 나아가서 커다란 대륙에 그린 삼각형 내각 크기의 합을 생각해보자. 여전히 삼각형을 그린 공간은 평면이며, 삼각형의 내각 크기의 합은 180°이라고 답할 수 있을까?

또한 '한 점에서 출발하여 양쪽으로 끝없이 늘인 곧은 선'을 직선이라 한다. 양방향을 향해 그린 직선은 결코 만날 수 없지만, 만일 곡면 위에 직선을 그린다면 그 직선은 서로 만날 수 있지 않을까?

기하학 분야를 유클리드 기하학과 비유클리드 기하학으로 구분 짓는 데에는 이들의 분명한 차이점이 있기 때문일 것이다. 다시 말해서 유클리드의 공리가 성립하지 않는 공간에서의 기하학이 비유클리드 기하학이 된다는 말이다. 새로운 기하학인 비유클리드 기하학이 발표된 이후 아인슈타인(Albert Einstein, 1879~1955)은 우리의 상상과는 달리 우주가 평평하지도 않고, 중력에 의해서 휘어 있음을 증명하게 되었다. 그의 일반상대성이론에서 다루고 있는 공간에 대한 기초 이론이 비유클리드 기하학에서 태어나게 된 것이다.

[그림 3.3] 양(+)의 곡면, 평면, 음(-)의 곡면에 그린 삼각형의 내각 크기의 합: 180° 이상(좌), 180°(중), 180° 미만(우)

2. 아리스타르코스의 과학: 태양중심설

사실 천체에 많은 관심을 가지고 꾸준한 관찰과 관측에 수학을 적용하여 이성적, 논리적 추론을 한 첫 번째 인물은 아리스타르코스(Aristarchos, BC 310~BC 230)일 것이다. 고대 그리스의 천문학자로서 아리스토텔레스 학파에서 공부하였으며, 이후 알렉산드리아의 도서관 사서로 일하기도 했다.

기원전 280년 경 아리스타르코스는 지구보다 10배 정도 크다고 판단되는 커다란 태양이 훨씬 작은 크기의 지구 주위를 돌고 있다는 것에 의문을 갖게 되었다. 그렇기 때문에 그는 우주의 중심은 태양이며, 그 태양 주위를 지구가 지축을 중심으로 일주운동을 할 뿐 아니라 별들과 행성들도 태양 주위를 돌고 있다고 가정하였다. 지구는 하루를 주기로 자전을 하며 동시에 공전을 한다고 주장했다.

놀랍게도 오늘날 우리가 알고 있는 태양계 천체의 움직임과 흡사하다. 즉 아리스타르코스가 지동설을 주장하기 위해서는 지구 운동의 중심에 태양이 자리 잡고 있었으므로 그의 지동설은 태양중심설이었다.

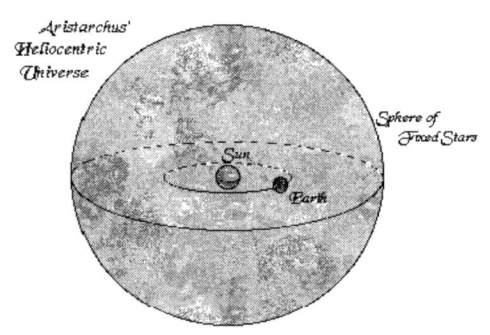

[그림 3.4] 아리스타르코스의 태양중심설

하지만 당시 플라톤과 아리스토텔레스 등의 지구중심설인 천동설이 지배적이었을 뿐 아니라 아리스타르코스의 태양중심설 주장은 너무도 혁명적 발상이었기에 그 누구도 그의 의견을 동의하거나 수용하지 못했다.

'수리지리학의 아버지'라고 불리는 아리스타르코스는 그의 저서 「태양과 달의 크기와 거리에 관하여(On the Sizes and Distances of the Sun and Moon)」에서 삼각법을 이용하여 태양-달-지구의 상대적인 크기 계산법을 기록하였으며, 내용은 다음과 같다.

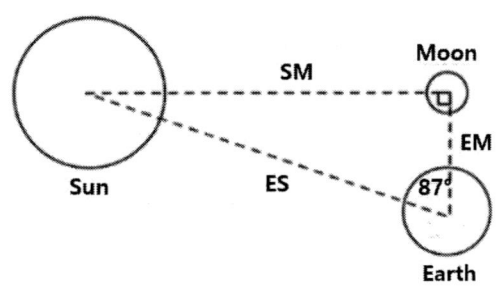

[그림 3.5] 삼각법3)을 이용한 태양-달-지구의 크기 측정

우선 아리스타르코스는 지구에서 보이는 달의 모습이 정확히 반달일 때, 태양-달-지구가 직각삼각형을 이룬다는 가정에서 시작했다. [그림 3.5]에 따르면, 선분 SM(태양-달을 잇는 선)과 선분 EM(지구-달을 잇는 선)이 직각을 이룰 때 선분 ES(지구-태양을 잇는 선)와 선분 EM의 사잇각을 측정한 결과 87°를 얻을 수 있다. 이와 같은 작도를 근거로 지구-태양의 거리는 지구-달의 거리의 19배라는 계산을 해낸 것이다.

또한 그는 태양-달-지구의 공전 궤도가 일직선상에 놓여 태양이 달에 가려 보이지 않는 개기월식 때 달이 지구의 그림자를 통과하는 시간을 측정하였다. 지구의 그림자 크기를 계산하여 지구 지름이 달 지름의 약 3배 정도이며, 태양은 지구보다 약 6~7배 정도의 크기라고 추정했다. 그의 계산 수치가 당시 관측기구의 부정확함으로 인하여 오늘날 우리가 알고 있는 태양-달-지구의 크기와는 다소 차이가 있기는 하지만, 수학적 계산법은 상당히 과학적이었다는 점이 높이 평가될 만하다.

---

3) 삼각형의 세 변과 세 각 사이의 관계를 알아내고, 이를 이용해서 삼각형과 관계되는 문제를 해결하는 계산 방식이다.

3. 아르키메데스의 과학: 원주율

선조들의 지적 산물을 집대성한 것이 유클리드의 「원론」이라면, 수학분야의 지식에 대한 새로운 업적은 아르키메데스(Archimedes, BC 287~BC 212)의 논문들이라고 해도 과언은 아닐 것이다.

[그림 3.6] 아르키메데스

1) 아르키메데스의 부력 원리

(1) 지렛대의 원리

고대 그리스에서 가장 위대한 수학자이자 물리학자로 손꼽히는 인물이 바로 아르키메데스일 것이다. 아르키메데스에 얽힌 여러 일화들 중 대부분은 그의 기술적 지식과 응용에 관련하고 있다. "나에게 긴 지렛대와 지렛목만 있다면 지금 당장 지구라도 들어 움직여 보일 수 있다"고 장담했다는 내용은 우리에게도 친숙한 이야기이다.

무거운 물체를 적은 힘으로 들어 올리는 데 사용되는 지렛대의 경우, 받침점(막대의 한 점을 물체에 받쳐 고정하는 곳)을 기점으로 해서 작용점(한 쪽에 물체를 올려놓는 곳)과 힘점(다른 한쪽에는 힘을 가하는 곳)이 필요하다. 이때 힘점과 받침점 사이의 거리(b)가 작용점과 받침점 사이의 거리(a)보다 더 길어야 적은 힘으로도 무거운 물체를 들어 올릴 수 있다. 즉 가한 힘보다 더 큰 힘이 작용점에 작용하게 되는 것이다. 또한 지렛대가 수평을 이룰 경우, '작용하는 힘(F) × b'이 '작용점에 있는 물체의 무게(w) × a'의 값이 같을 때에 해당된다.

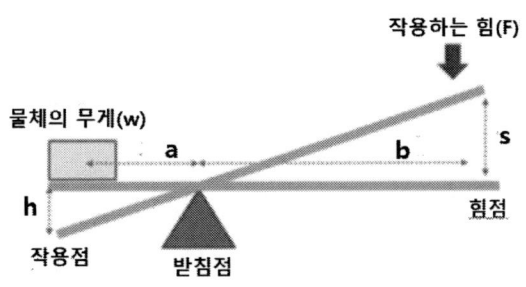

[그림 3.7] 지렛대의 원리

아르키메데스가 발명한 수차(水車)는 양수기의 원리를 적용한 것([그림 3.8])으로 기다란 원통 속에 나선 모양으로 감긴 막대를 비스듬히 세워놓은 후 원통의 한 쪽 끝을 물에 잠기도록 한다. 이때 원통의 반대편에 달린 손잡이를 회전시키면, 물이 나선형 막대를 타고 위로 올라오게 된다. 이를 아르키메데스의 스크루펌프(screw pump)라고도 한다.

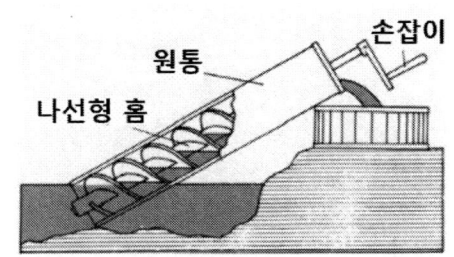

[그림 3.8] 아르키메데스가 고안한 양수기

이와 같이 지식을 기술로 응용했던 아르키메데스는 제2차 포에니전쟁(BC 218~201)에서 위기에 처한 나라를 구하기 위해 각종 투석기, 기중기 등 지렛대를 응용한 신형무기를 고안하여 커다란 공을 세우기도 했다. 시라쿠사 도시가 공격을 받는 동안에도, 아르키메데스는 모래 위에 자신이 생각한 도형을 그리며 기하학 연구에 몰두했다.

어느 날 그의 뒤에서 다가오는 한 사람의 그림자가 자신이 그리고 있는 도형에 어둡게 드리우자 아르키메데스는 "물러 서거라! 내 도형이 흐트러진다"고 소리쳤다고 전한다. 그의 주요 저서로는「역학적 정리들에 대한 방법」,「구(球) 제작에 관하여」등이 있다.

3장. 경험과 관찰의 과학 45

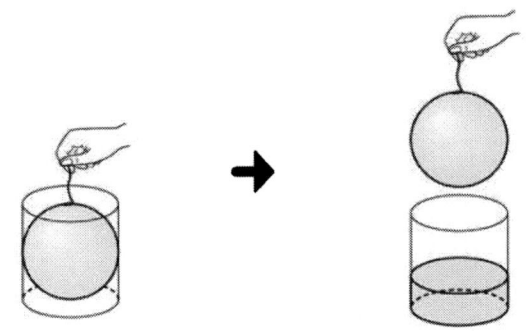

[그림 3.9] 구의 부피: 외접하는 원기둥의 부피 × 2/3

아르키메데스가 세상을 떠나고 난 후 건립하도록 유언된 그의 묘에는 뜻밖에도 구에 외접하는 원기둥의 도형이 새겨져 있었다. 이것은 그가 고심 끝에 발견한 정리(定理) '구에 외접하는 원기둥의 부피는 그 구 부피의 1.5배이다'라는 것을 나타낸 것이었다.

(2) 부력의 원리

아르키메데스의 아버지인 피라쿠스는 이집트로 유학을 갔다가 돌아온 아르키메데스를 왕에게 인사시키기 위해 함께 궁으로 향했다. 마침 왕은 새로 만든 왕관이 순금으로 만들어졌는지, 아니면 다른 물질과 섞였는지 궁금해 하던 중이었다. 젊은 학자 아르키메데스에게 왕은 자신의 궁금한 문제를 해결해 주기 원했고, 아르키메데스는 이를 해결하기 위한 시간이 필요했다.

왕으로부터 문제 해결을 요청받은 아르키메데스는 깊은 생각을 하던 중 잠시 휴식을 위해 목욕을 하려고 했다. 아버지가 욕조에 들어간 후 이어 아르키메데스도 욕조에 몸을 담갔다. 그 순간 아버지의 욕조의 물과 달리 자신의 욕조의 물이 넘치는 것을 보고, 아르키메데스는 "유레카(Eureka, '알았다')"를 외치면서 욕조 밖으로 뛰쳐나왔다. 이 일화는 우리에게 잘 알려진 것으로서 아르키메데스라는 인물을 떠올린다면 동시에 생각나는 사건이기도 하다. 그는 사람이 물에 들어가면 사람 몸의 부피만큼 물이 넘쳐흐른다는 것을 발견한 것이다. 다시 말하자면, 물체의 부피(사람의 몸)와 무게(흘러넘치는 물)와의 관계를 발견한 것으로, 이를 '부력(buoyancy)의 원리' 혹은 '아르키메데스의 원리(Archimedes' principle)'라고 한다.

아르키메데스의 원리는 다음과 같다. 어떤 물체를 물(유체)에 넣었을 때 받는 부력의 크기가 물체가 물에 잠긴 부피만큼의 물에 작용하는 중력의 크기와 같다는 것이다. 그 결과 물 속에 잠긴 물체의 무게가 잠긴 부피와 같은 물의 무게만큼 가벼워지게 된다. 순금의 밀도는 은이나 구리 등과 같은 금속의 밀도에 비해 더 크므로 같은 질량의 금, 은 및 구리가 있을 때 금의 부피는 이들의 부피에 비해 더 작다. 따라서 금 이외의 은이나 구리가 섞여 있는 왕관이라면, 그 질량은 순금으로 만든 동일한 크기의 왕관의 질량에 비해 더 가벼울 것이다. 이를 근거로 할 때 아르키메데스는 당시 왕관 그리고 그와 동일한 질량의 순금을 각각 물속에 담근 후에 넘쳐나는 물의 부피를 측정하려 했던 것이다.

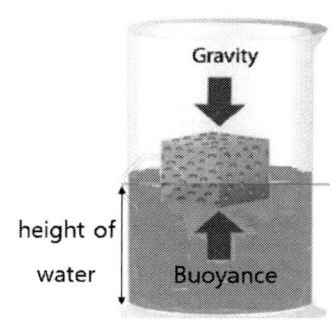

[그림 3.10] 아르키메데스의 원리

2) 아르키메데스의 원주율 계산

원이란 '한 평면 위의 한 정점(원의 중심)에서 일정한 거리에 있는 점들의 집합'으로 정의내려진다. 이때 원의 크기와 상관없이 '원의 둘레'와 '원의 지름'은 항상 일정한 비를 이루는데, 이 값을 '원주율'이라 한다. '둘레'를 뜻하는 그리스어 '$\pi\epsilon\rho\iota\mu\epsilon\tau\rho o\sigma$'의 머리글자인 '$\pi$'로 표기한다. 이는 18세기 스위스의 수학자 오일러(Leonhard Euler, 1707~1783)가 처음 사용한 것에 근거를 두고 있으며, 프랑스의 수학자 자르투(Pierre Jartoux, 1668~1720)는 원주율을 기념하기 위하여 '파이 데이'를 제정했다. 원주율이 3.141592…라는 점을 감안한다면 파이 데이의 날짜와 시간을 짐작할 수 있을 것이다. 세계 각국의 수학자들과 수학에 관심 있는 사람들이 파이데이의 기념행사를 거행하기 위하여 파이(π) 모양과 원주율의 수를 기록한 파이(pie)를 만들어서 나누어 먹기도 하며, 그 모임의 정확한 시간은 3월 14일 오후 1시 59분에 시작된다고 한다.

[그림 3.11] 파이(π)데이를 기념하기 위해 만들어진 파이(pie)

아르키메데스가 원주율에 관심을 보였던 첫 번째 인물은 아니다. 그 흔적을 거슬러 올라가보면 기원전 2000년경 고대 메소포타미아 문명은 원주율을 약 3.125…, 이집트 문명은 약 3.16049… 정도로 계산을 해내었고, 고대 인도인들도 약 3.1416 정도로 여겼다. 이들 원주율의 공통된 값은 3과 4 사이에 해당한다는 것을 알 수 있다. 이렇듯 당시 고대인들은 정확한 계산 수치를 알아내는 것이야말로 이 세상에 존재하는 사물과 자연 속에 숨겨진 모든 비밀에 대한 답을 얻을 수 있다고 생각했으므로 원주율의 정확한 수치를 알아내고자 많은 노력을 기울였던 것이다.

아르키메데스는 더 정확한 원주율을 구하기 위하여 많은 노력을 했던 인물들 중 한 사람이기도 하다. 그는 원에 내접하면서 동시에 외접하는 정다각형을 이용하여 원의 둘레의 길이를 계산했다([그림 3.12]). 가령 반지름이 1인 원에서 선분 OF와 선분 OE의 길이가 각각 1, 이때 내접하는 정사각형 한 변의 길이는 $\sqrt{2}$이므로 내접하는 정사각형의 둘레는 $4 \times \sqrt{2}$가 된다. 또한 선분 OI의 길이가 1, 원에 외접하는 정사각형 한 변의 길이는 각각 2가 되므로 외접하는 정사각형의 둘레는 4×2이다. 따라서 원의 둘레는 내접하는 정사각형의 둘레보다는 크고, 외접하는 정사각형의 둘레보다는 작으므로 '4×$\sqrt{2}$ < 원의 둘레 < 4×2'에 해당된다. 나아가서 아르키메데스는 원에 내접 및 외접하는 정 96각형을 그린 후 원의 둘레를 더욱 정확하기 구하려는 시도를 계속하던 중 이를 근거로 원주율의 근사값(3.1408 < 원주율 < 3.1428)을 계산해 내기에 이르렀다. 그는 저서 「원의 측정에 관하여」에서 '$\frac{223}{71}$ < 원주율 < $\frac{22}{7}$'을 밝혔으며, 소수점 둘째 자리까지 정확한 원주율을 구하였으므로 이를 '아르키메데스의 수'라고 명명하게 되었다.

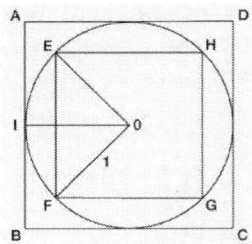

[그림 3.12] 원에 내접 및 외접하는 정사각형

이후 독일의 수학자 루돌프(Ludolph van Ceulen, 1540~1610)는 일생 동안 아르키메데스의 다각형법을 이용하여 원주율을 계산한 것으로 알려져 있는데, 320억 개 이상의 변의 수를 가진 다각형을 이용하여 소수점 이하 35자리까지 정확하게 계산해 내었다고 한다. 자신의 묘비에 원주율을 새겨 넣어달라는 루돌프의 유언대로 그의 묘비에는 원주율이 새겨졌고, 독일에서는 지금도 원주율을 '루돌프의 수'라고 부른다.

4 에라토스테네스의 과학: 지구의 둘레 계산

에라토스테네스(Eratosthenes, BC 275~BC 194)는 아르키메데스로부터 존경을 받은 것으로도 유명한 천문학자이자 수학자이다. 여러 분야에서 두각을 드러내었던 그의 재능과 관심은 광범위하고 다양했으며, 열정을 쏟았던 거의 모든 분야에서 에라토스테네스는 탁월한 재능과 능력을 보여주었다. 알렉산드리아의 왕실 부속학술연구소의 도서관장이 된 에라토스테네스는 어느 날 파피루스 책에 다음과 같은 내용이 적혀 있는 것을 보았다.

[그림 3.13] 에라토스테네스

"나일강의 첫 급류 가까운 곳에 위치한 남쪽 변방인 시에네(Syene) 지방에서는 매년 6월 21일이 되면, 지면에 수직으로 꽂은 막대기의 그림자가 생기지 않는다. 태양이 하늘 높이 뜨는 한낮 무렵에는 사원 기둥의 그림자 길이가 점점 짧아지면서 정오에는 짧아진 그림자조차도 아예 드리우질 않을 뿐만 아니라 같은 시각 우물 속을 들여다보면 수면 위로 태양의 모습이 그대로 비추인다."

책의 내용처럼 사물의 그림자가 드리우지 않는다는 것은 태양이 바로 머리 위에 있다는 뜻이었다. 그의 실험정신은 여기에서부터 출발한 것이다. 평범하게 보여서 간과할 수 있을 듯한 책의 내용들을 에라토스테네스는 세심하게 살피고 유심히 관찰함으로써 세상을 깜짝 놀라게 할 발견을 했던 것이다. 그것이 바로 '지구의 둘레 측정'과 '지구가 둥글다는 것'을 증명해 내는 결과였다.

에라토스테네스는 실험 정신이 강한 학자였기에 직접 그림자의 길이를 측정해 보기로 결심했다. 6월 21일 정오가 되자 에라토스테네스는 자신이 살고 있던 알렉산드리아 지역의 지면에 막대를 수직으로 꽂고 그 막대의 그림자가 드리우는지를 알아보려고 했다. 그런데 막대의 그림자는 드리웠다. 책에 기록된 시에네 지역에서는 그림자가 생기지 않는다는 것과 다른 결과였던 것이다. '어떻게 같은 시각 시에네와 알렉산드리아의 지면에 각각 꽂아 놓은 막대의 그림자 길이가 서로 다를 수 있을까?'라는 의문에 사로잡힌 그는 그 이유가 궁금했다.

이를 해결하기 위해서 그는 평면인 땅바닥에 당시 고대 이집트의 지도를 그려 놓은 후 같은 길이인 막대 두 개를 준비했다. 막대 중 하나는 알렉산드리아에, 다른 하나는 시에네의 지도 지면에 수직으로 세워 놓고, 각각의 막대가 그림자를 전혀 드리우지 않는 시간이 있을 것이라고 예상했다. 만일 두 막대가 동시에 똑같은 길이의 그림자를 드리운다면, 그것은 지구가 평면이라는 사실을 확인하는 것이다. 태양 광선이 두 막대를 비스듬히 비출 때, 그 비추는 각도가 두 지역에서 똑같다는 말이다. 그렇지만 같은 시각에 시에네 지역에서와 달리 알렉산드리아 지역에서의 막대에는 그림자가 생기는 것은 무엇 때문일까?

에라토스테네스가 관찰 결과를 해결하기 위해 고심한 끝에 얻어낸 답은 바로 지구의 표면이 '평면이 아닌 곡면'이라는 것이었다. 그렇기 때문에 두 지역의 곡률의 차이가 클수록 각각 그림자 길이의 차이도 클 것이라는 생각이었다. 태양은 지구에서 아주 먼 거리에 떨어져 위치하기 때문에 그 광선이 지구의 지표면에 닿을 때에는 어느 지역에서나 평행하게 비춘다. 따라서 곡률의 차이에 따라 서로 다른 각도로 땅위에 세워진 두 지역의 막대의 그림자 길이는 각각 다를 수 있다. 에라토스테네스는 여기에서 그치지 않고 이 생각을 더욱 발전시켰다. 그는 두 막대의 그림자 길이 차이를 측정한 후 알렉산드리아와 시에네는 지구 표면을 따라 약 7.2° 정도 떨어져 있다는 계산에 이르게 되었다.

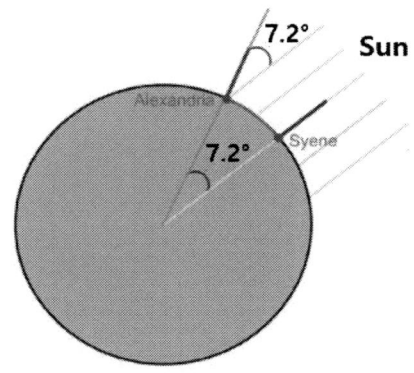

[그림 3.14] 알렉산드리아와 시에네 지역에서 막대의 그림자 길이

이제 에라토스테네스는 자신의 계산 결과인 7.2°를 바탕으로 한층 더 연구를 이어나갔다. 만일 두 지역에 세운 막대의 끝을 지구 중심까지 연장한다면, 두 막대의 사잇각은 7.2°가 될 것이다. 지구가 곡률을 지닌 둥근 모양이라면, 지구 전체는 360°가 될 것이다. 이때 두 지역의 사잇각에 해당하는 7.2°는 360°의 $\frac{1}{50}$ 정도의 값이 된다. 그렇다면 두 지역의 실제 거리를 측정한다면 지구 전체의 둘레를 계산해 낼 수 있다는 결론에 이르게 된다. 에라토스테네스는 두 지역 간의 실제 거리를 자신의 걸음수로 측정하여서 시에네와 알렉산드리아는 약 800km 정도 떨어져 위치한다는 것을 알아냈다. 이는 지구 전체 둘레의 $\frac{1}{50}$에 해당하는 값이므로 지구의 둘레는 800km의 50배인 40,000km로서 당시 상당히 정확한 계산이었다. 이것이 바로 지구의 둘레이다.

그리스 지리학을 집대성한 그의 저서 「지오그래피카(Geographica)」에는 지리학사, 수리지리학 그리고 세계지리 총 세 영역으로 구성되는데, 여기에서 지리상의 위치를 표시하기 위해 위도와 경도 개념을 처음으로 사용한 것으로 유명하기도 하다.

　에라토스테네스는 자신이 알게 된 사실을 직접 체험하고 관찰하고 확인하고자 하는 의욕이 강한 사람이었다. 그를 통해 처음으로 알게 된 지구의 둘레는 단지 그의 실험 정신에서 비롯된 것이라고 해도 과언은 아니다. 아마도 그는 최초로 지구라는 한 행성의 크기를 정확하게 계산해 낸 인물일 것이다.

　젊은 시절 많은 연구와 독서 때문이었을까? 에라토스테네스는 노년에 들어 시력을 거의 잃었다고 한다. 더 이상 읽을 수 없게 된 그는 먹는 것을 그만두고 차라리 죽기를 원했던 것이었다.

4장. 중세암흑기의 과학

1 프톨레마이오스의 과학: 지구중심설

[그림 4.1] 프톨레마이오스

고대 그리스의 천문학자 겸 점성술사인 프톨레마이오스(Klaudius Ptolemaios, AD 85~165)는 다양한 분양에서 이슬람과 유럽 과학에 많은 영향을 미쳤는데, 그 중 그의 대표적인 저서 「알마게스트(Almagest)」는 아리스토텔레스의 천동설과는 달리 완전한 수리천문서로서 천문학을 집대성한 것으로 알려져 있다.

프톨레마이오스는 고대 그리스의 학자들인 플라톤과 아리스토텔레스, 히파르코스 등이 주장해왔던 지구중심설인 천동설의 전통을 이어받아 자신이 관측한 자료들을 첨가하여 다소 수정된 천동설을 주장했다. 그의 천동설 모델은 저서 「알마게스트」에서 잘 알 수 있는데, 특히 지구중심설로는 다소 설명이 불투명했던 외행성의 역행운동을 논리적으로 설명하기 위하여 고대 그리스의 천문학자인 히파르코스(Hipparchos, BC 190~BC 120)의 이심원과 주전원 개념을 수정 및 보완하여 도입하였다.

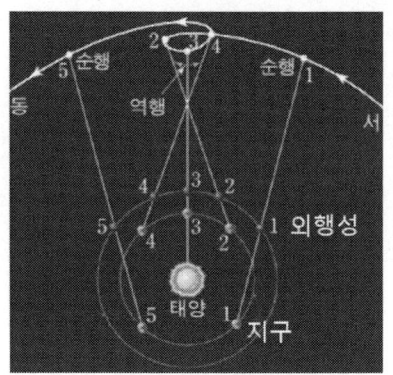

[그림 4.2] 외행성의 겉보기운동

히파르코스의 천동설 개념을 살펴보면, 지구가 우주의 중심에서 다소 벗어나서 위치하지만 천구의 중심이다. 이심점(eccentric point)을 중심으로 하는 이심원(eccentric circle)은 거대한 원이고, 주전원은 이심원의 원주 위에서 움직이는 작은 원이다. 태양, 달 및 다른 행성들은 자신의 주전원의 원주를 따라 움직인다.

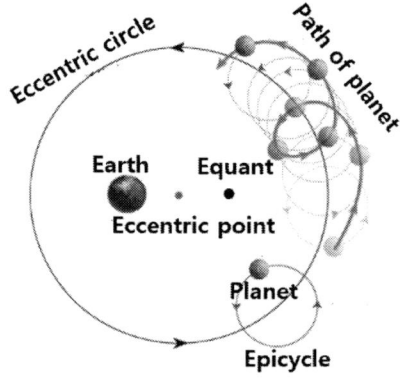

[그림 4.3] 프톨레마이오스의 지구중심설 개념:이심점과 동시심, 이심원과 주전원

그렇지만 여전히 모든 행성들에서 관측되는 여러 현상들을 설명하기에는 불충분했기 때문에 프톨레마이오스는 이러한 개념들에 '동시심(equant)'의 개념을 끌어들였다. 현대과학에서는 폐어가 된 용어인 '동시심'은 일종의 가상점으로서 이심을 기준으로 했을 때, 지구의 반대편에 있는 점이므로 지구-이심점-동시심의 순서로 일직선에 자리한 개념이다. 프톨레마이오스에 의하면 동시심을 중심으로 하는 행성들의 주전원의 중

심이 등속원운동을 하고 있지만 이심원에 대해서는 등속원운동을 하지 않는다고 가정했다.

이렇듯 다소 복잡한 개념들을 도입하여 완성된 그의 천동설은 여러 행성들의 겉보기 운동을 매우 정확하게 설명할 수 있게 되었다. 이후 16세기까지 오랜 기간 동안 지배적인 우주모델이 된 천동설은 행성들이 단순히 지구를 중심으로 원운동을 하는 것에 그치지 않고 지구-태양을 연결하는 일직선상의 한 점을 중심으로 하는 주전원을 그리며 움직이고 있다는 내용을 담고 있다.

[그림 4.4]에 따르면, 특히 내행성의 경우, 단순히 지구를 중심으로 원궤도를 그리는 것에 그치지 않고 지구-태양을 연결하는 직선 위에 주전원의 중심이 위치하며, 주전원을 그리며 움직이고 있다. 수성의 궤도에 비하여 금성의 궤도가 훨씬 크기 때문에 이들이 태양에서 가장 멀리 위치하게 되면 태양-지구-수성의 사잇각은 24°, 태양-지구-금성의 사잇각은 48°가 된다. 천동설에 의한 중심인 지구로부터 태양계를 바라본다면, 지구-달 수성-금성-태양-화성-목성-토성의 순서가 되며, 항성들은 마치 행성들의 배경처럼 자리하고 있다. 하지만 완벽해 보이는 이 모델도 금성의 위상변화를 설명하기에는 부족함이 많았다. 인류는 갈릴레이의 등장을 기다려야 했다.

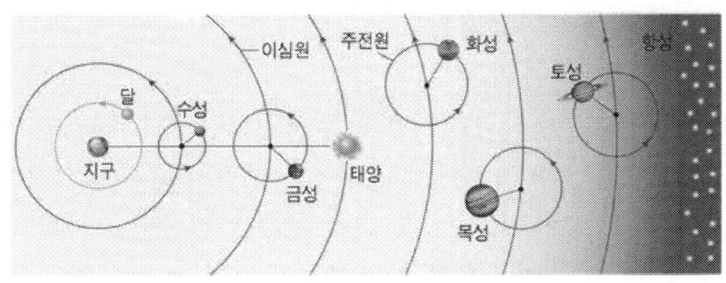

[그림 4.4] 프톨레마이오스의 천동설

2 중세 암흑기의 과학: 연금술

'암흑기'라 하는 초기 유럽의 중세시대는 융성했던 로마제국이 멸망하면서부터 시작되는 시기를 일컫는다. 유럽의 권력은 게르만족들의 손에 넘어갔으며, 로마시대의 수려한 건축물, 예술품들 그리고 과학의 전통 등은 파괴되어 사라지게 되었고, 급기야는 과학이나 학문의 발전이 그대로 멈추어버린 암흑의 시대가 다가온 것이었다. 기원전 1~2세기에 로마제국으로 흘러들어갔던 그리스의 철학과 과학은 이 시기에 가장 침체했으며, 학교 교육이 거의 사라졌을 뿐 아니라 사람들은 경제적으로 어려워지게 되었다.

로마제국의 정치적 분열과 국교로서 카톨릭이 승리하게 됨에 따라 강렬한 종교적 신앙이 그 빈자리를 채우게 되면서 사회는 봉건적이며, 교회 중심적으로 변모하게 되었다. 급기야는 혼란스러운 유럽을 통치하기 위해 사회와 문화를 하나로 융합하는 데에 놀랄만한 영향력을 지닌 교황 세력이 등장하게 되었다. 고대 그리스와 로마시대에는 인간 중심의 문화가 팽배했다면, 중세시대에는 신본주의와 금욕주의를 추앙하는 신(神) 중심 사회가 절대적으로 자리하게 되었다.

당시 만물은 신을 위해서 그 존재의 의미가 있었으며, 그렇지 않는 것들은 이단으로 여기질 정도였다. 그렇기 때문에 유럽의 여러 학문의 발전과 진보는 제자리에서 멈추게 되어 오히려 쇠퇴일로에 놓이게 되었다. 더욱이 중세시대에 들어서 그리스의 과학은 신성을 부정한다는 이유로 교회로부터 많은 제약을 받았고, 로마시대의 찬란했던 건축기술은 점점 사라지게 되었다. 미약하게나마 학문 발전의 명맥을 이은 곳이 있다면 그것은 비유럽권의 아라비아와 인도 등의 과학 및 예술 분야일 것이다. 배척받던 여러 학문들 중 철학만은 여전히 살아남을 수 있었다. 그렇다고 하더라도 철학의 형태는 종교를 논리적, 이성적으로 설명하기 위한 도구에 가까웠다고 해도 과언은 아닐 것이다.

중세 유럽의 문화, 교육 및 사회적 상황은 암흑기였다 하더라도 주로 비유럽권인 인도와 아라비아 지역에서는 과학 분야에서 상당한 발전의 흔적을 쉽게 찾아볼 수 있다. 이와 같이 이슬람 문명 지역에서 발전을 이룬 과학은 빈번한 문화적 접촉으로 인하여 유럽으로 전해지게 되었다. 주로 아랍어로 기록된 고대 그리스의 과학서적을 다시 라틴어로 번역하는 작업들이 성행하게 되자 유럽에서는 중세 대학이 탄생하게 되었다. 중세시대의 대학은 신학이나 의학에 많은 노력을 할애하였으며, 이를 뒷받침 하는 도구로 과학을 택했던 것으로 판단된다. 과학은 일종의 제도적 장치였던 것이다. 대학에서 이루어진 학문의 주된 목적은 신학이었고, 과학은 신학의 영향력 아래에서 마치 시녀 역할을 하며 생존해 온 것처럼 보인다.

12세기 즈음 이후 웅크렸던 인간의 이성이 서서히 기세를 펴고, 동시에 인과 관계를 합리적으로 접근하려는 고대 그리스 과학을 대표하는 아리스토텔레스의 자연철학이 유럽으로 들어오면서 신학과 과학은 극심한 마찰을 겪게 되었다. 그러자 이 두 분야의 적절한 융합을 도모하려는 신학자들의 노력으로 인하여 아리스토텔레스의 자연철학은 신학으로 서서히 스며들었고, 이후 아리스토텔레스의 학문은 난공불락의 입지에 놓이게 되었던 것이다.

고대 메소포타미아와 고대 이집트 문명에서도 금, 은, 철, 구리 등의 금속은 다양한 목적으로 사용되었고, 이후 광석에서 금속을 추출하여 합금 및 성형하는 기술이 상당히 발달되었음을 알 수 있다. 이러한 기술에 관한 경험적 지식과 연금술은 오늘날 화학 발전에 밑거름이 될 수 있었다.

연금술(alchemy)이란 인공적인 방법을 통하여 저급한 금속을 귀금속이나 금으로 전환하고자 하는 것인데, 고대 그리스 자연철학에 이집트나 메소포타미아 지역의 신비주의 사상이 더해지게 되면서 발달한 것으로 추측된다. 이후 연금술은 그 기술이 발달함에 따라 이론이 체계화되면서 화학 이전의 화학으로 그 기능을 담당하게 되었다.

연금술의 기원은 고대 이집트에서부터 그 흔적을 찾아볼 수 있는데, 연금술의 어원인 단어 'khem'은 당시 나일강 유역의 홍수로 인하여 범람했던 물이 다 빠지고 난 후의 '검은색의 비옥한 토양'을 뜻하고 있다. 여기에 아랍어의 정관사 '알(al)'이 첨가된 '알키미아(alkimia)'는 유럽으로 전해지면서 '알케미(alchemy, 연금술)'가 된 것으로 추정된다.

[그림 4.5] 이븐 하이얀

이후 8세기 무렵 아랍의 연금술사이자 '연금술의 창시자'라 불리는 이븐 하이얀(Abu Musa Jābir Ibn Ḥayyān, 721~825)은 약 3,000여권에 이르는 방대한 저술을 남겼는데, 그 중 연금술에 관련된 저서를 통하여 연금술을 집대성했다는 평가를 받고 있다. 특히 화학 분야에 관한 20여 권의 저서는 이븐 하이얀을 역사상 가장 유명한 화학자로 인식하게 하는 데 충분한 역할을 했으며, 당시 연구를 위하여 그는 '실험'이라는 과정을 도입함으로써 화학 분야의 급속한 발전을 이루는 데에 크게 기여하였다. 그는 저서 「금속귀화비법대전」에 철이나 구리와 같은 여러 종류의 금속 제조법과 포도주를 만드는 방법 등을 기술하기도 하였다. 이 시기를 기점으로 하여 연금술은 더욱 성행하게 되었고, 이븐 하이얀 사후에 그의 저술들은 유럽의 연금술 발전에 영향을 미치게 되었다.

영국의 철학자이자 신학자인 베이컨(Roger Bacon, 1214~1294)은 연금술에 관한 평가를 다음과 같은 비유를 들어 말한 바 있다. "연금술이란 죽음을 앞둔 아버지가 아들에게 '내 과수원 땅 속 어딘가에 금을 묻어두었다'고 말하는 유언에 비유할 수 있을 것이다. 금을 찾기 위한 아들은 아버지의 유언대로 과수원 땅의 이곳 저곳을 파기 시작하면서 뿌리를 내리고 있는 과수 주변의 흙을 뒤엎게 되었다. 쉽사리 금을 찾을 수는 없었지만, 대신 한 차례 경작된 과수원의 땅에서 그 해에 생각지도 않았던 풍성한 수확을 얻게 되었다. 이처럼 저급한 금속에서 금을 만들고자 애썼던 연금술사들의 노력이 비록 금을 얻지는 못했다 하더라도 화학 분야에서 다양한 발명을 획득하게 되면서 인류에게 화학의 발전이라는 커다란 혜택을 가져다 준 결과를 낳았다."

[그림 4.6] 연금술사들이 연금술에 사용했던 기호

3 | 인도의 수학: '0'과 '음수'

　세계 4대 주요문명의 발상지 중 하나인 인도는 고대부터 '무한(無限, infinite)'에 대한 관심이 지대했는데, 그 중 수학 분야에서는 무한수, 거듭제곱과 인수(factor) 등에서 그 흔적을 찾아볼 수 있다. 특히 인도 수학의 가장 위대한 공적을 꼽는다면, 단연 1부터 9까지 총 아홉 개의 숫자뿐만 아니라 '0(영, 零, zero)'을 이용한 십진법(decimal system)의 사용과 '음수(陰數, negative number)'의 발견 및 각 숫자의 위치에 따라 그 수가 나타내는 값이 달라지는 '위치적 기수법(記數法)'에 의한 수의 사용이다. 따라서 중세 인도 수학자들은 대수학에 많은 관심을 가졌으며, 부정방정식(indeterminate equations)과 급수(級數, series)의 해에 대한 상당한 연구를 진전시킬 수 있었다. 이것은 현대 수학의 토대가 되었다.

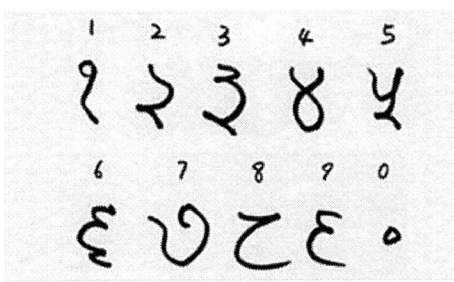

[그림 4.7] 인도 숫자(9세기)

　오늘날 우리가 알고 있는 '아라비아 숫자'라고 하는 체계 이전, 즉 약 2,000년 전 인도에서는 수직 및 수평으로 선을 그어 수를 표현했는데, 가령 2는 =으로, 3은 ≡으로 나타냈다. 이후 주로 나무껍질에 숫자를 기록하기 시작하면서 =는 Z으로, ≡은 ≩으로 변모하는 과정을 거치게 되었고, 그 밖의 여러 숫자들이 만들어졌던 것이다. 이 숫자 덕분에 인도 사람들은 사칙연산, 제곱근과 세제곱근 등의 복잡한 셈까지도 가능했으며, 위치적 기수법은 후에 이슬람 문화권을 거쳐 유럽 전역에 보급되었다. 따라서 현재 '아라비아 숫자'라고 불리기는 하지만 원형은 인도에서 시작되었으므로 '인도-아라비아 숫자'라고 하는 것이 더 타당할 것이다.

이와 같이 인도의 수학이 상당한 발전을 하는 데에는 여러 학자들의 업적이 밑거름이 되었는데, 그 중 고대 인도의 최초 천문학자인 아리아바타(Aryabhata, 476~550)는 인도 최고의 천문학 및 수학책으로 유명한「아르야바티야(Aryabhatiya)」라는 자신의 저술을 통해 지구자전설을 주장한 바 있다. 당시 세상에 알려진 수학 지식을 정리 및 요약하여 기술한「아르야바티야」는 천문학과 구면삼각법[4]을 주 내용으로 다루고 있다. 그는 정확한 원주율 계산을 위해 힘을 썼는데 π를 $\frac{62,832}{20,000}$으로 계산해 내기도 했다.

인도의 천문학자이자 수학자인 브라마굽타(Brahmagupta, 588~660)는 '0'에 의한 사칙연산의 상세한 방법을 설명하였고, 1부터 9까지의 자리에 '0'을 위치시킴으로써 음수의 개념을 개발하였다. 그가 저술한 수학책에는 원금과 이자 계산에 관한 문제 뿐 아니라 오늘날 근의 공식과 유사한 이차방정식의 풀이법이 실려 있다.

인도의 수학자 바스카라(Bhaskara, 1114~1185)는 이차방정식에서 음의 근과 무리수의 근이 있으며 음수는 제곱근이 없다는 것을 증명하였고, 원주율 π의 값이 $\frac{3,927}{1,250}$이라고 계산했다.

---

[4] 구면 위에서 삼각형을 다루는 수학의 한 분야이다.

5장.
근대과학의 토대

 '천동설의 완결판'으로 유명한 프톨레마이오스의 「알마게스트」는 이슬람 세계를 통해서 중세 유럽으로 전달되었다. 이에 교회적 권위가 더해지면서 인류 역사상 약 1,500년간 유일한 우주체계로 자리매김하였다. 14세기경부터 로마 카톨릭 교회는 교황의 대립으로 생긴 분열 결과, 점점 중세적 그리스도교 세력은 쇠퇴하기 시작해서 16~17세기 유럽에서는 그리스도 교회의 혁신운동이 발생하기에 이르렀다. 바로 종교개혁(1517)이었다. 카톨릭 구교로부터 신교파가 형성되었던 것이다. 종교개혁의 중심에는 신학대학 교수인 마틴 루터(Martin Luther, 1483~1546)라는 인물이 있었는데, 성직자들의 부정을 근절해야겠다고 생각한 그는 95개 조항에 이르는 성직자들의 죄목을 교회 정문에 공개하였다. 그후 루터를 지지하는 수많은 사람들이 그와 뜻을 함께 하였고, 이처럼 루터를 중심으로 성직자들의 부정함을 규탄하는 무리들을 프로테스탄트(Protestant)라 불렀다.

1 페르니쿠스의 과학: 태양중심설

 부유한 상인의 아들로 태어난 코페르니쿠스(Nicolaus Copernicus, 1473~1543)는 어려서 아버지를 여의고, 주교인 외삼촌의 집에서 청소년 시절을 보냈다. 18세에 코페르니쿠스는 신부가 되기 위하여 크라코프(Krakow) 대학교에 입학하여 신학을 공부하는 동안 기하학, 대수학, 천문 계산 및 광학 등과 고대의 자연철학을 익히면서 천문학자로서의 자질도 연마할 수 있었다.

[그림 5.1] 코페르니쿠스

1) 그레고리력

신학, 법학 및 의학을 공부한 후 코페르니쿠스는 외삼촌의 도움으로 1505년경부터 성당에 자리를 잡았으며, 신부로서 외삼촌의 주치의이자 비서의 업무를 담당하게 되었다. 그러는 동안 코페르니쿠스는 천문학에 대한 관심을 꾸준히 키워나갔고, 후에 우주에서 지구의 위치에 대한 그의 혁명적 사상을 전개했다.

한편 교황청에서는 교회력과 항해력 개정이라는 당면 과제를 해결해야 했는데, 당시 사용하고 있었던 교회력은 '율리우스력(Julian Calendar)'이었다. BC 46년 경에 율리우스(Julius Caesar, BC 100~BC 44)가 이집트력을 토대로 로마에서 사용하던 달력을 개정했던 율리우스력은 1년을 365일로 삼고, 4년마다 윤일 1일을 더하여 3월 25일을 춘분으로 정한 것이었다. 400년 동안 총 100회의 윤년이 포함되므로 천문학적 1년인 365.2422일에 비해 128년에 하루 정도가 더 길어지게 된다. 율리우스력이 BC 45년부터 16세기까지 오랜 기간 동안 사용되자 그 결과 달력의 춘분 절기가 실제보다 10일 정도 점점 늦어지게 되면서 종교의식을 행하는 날이 계절과 어울리지 않는다는 문제가 발생하게 되었던 것이다. 뿐만 아니라 천동설을 바탕으로 계산된 당시의 항해력에 따라 원양 항해를 할 경우 천체의 위치가 부정확하여 안전한 항해를 한다는 것에는 상당한 어려움이 뒤따를 수밖에 없었다.

이런 문제점들을 인식하면서 천문학의 여러 고문헌들을 수집하여 연구하던 중 코페르니쿠스는 고대 그리스의 천문학자인 아리스타르코스가 주장한 태양중심설에 관한 기록을 접하게 되었고, 기존의 천문 이론인 천동설과 서로 다른 내용을 설명하고 있다는 것을 발견하게 되었다.

이후 율리우스력은 개정되어 태양력인 그레고리력(Gregorian Calendar)으로 대체되었다. 이는 1582년 교황 그레고리(Pop Gregory XIII)에 의해 개정되었는데, 400년마다 3회의 윤년을 없애는 방식이므로 1년의 길이가 365.2425일이다. 천문학적 1년에 비해 약 26초가 더 길기 때문에 약 3,300년에 하루 정도 차이가 발생하며, 400년 동안 총 97회의 윤년이 포함된다.

2) 태양중심설

12세기 경 서양으로 도입된 우주 체계인 천동설은 아리스토텔레스와 프톨레마이오스의 우주 체계이므로 약 2,000년 동안 축적된 천문 지식이라 할 수 있다. 천동설은 대단히 견고하였고, 철저히 경험론적 지식에 근거했으며, 풍부한 논리적 자료와 고대 최고의 지식인인 아리스토텔레스의 명예까지 갖추고 있는 이론이었다. 더욱이 중세에 들어와서 천동설은 신학적 권위마저 더해지게 되면서 절대로 건드릴 수 없는 신성불가침한 이론으로 자리 잡게 되었다. 그런데 여기에 감히 도전한 이가 코페르니쿠스였다.

1513년 코페르니쿠스는 성당에 별을 관측할 수 있는 장치를 마련하고, 밤에는 그곳에서 자신이 제작한 측각기를 이용하여 천체 관측에 몰두했다. 그의 관측이 그다지 정밀하지는 않았으나, 천문학자로서 태양을 중심으로 하는 행성계의 개념을 구축해 나가기 시작했다. 그의 관측이 새로운 천문 이론을 수립했다고 해석하기엔 다소 무리가 있는데, 이는 당시 천체 관측 기술의 한계를 감안한다면 당연한 일일지도 모른다.

이후 코페르니쿠스는 태양 중심 천문 체계에 관한 생각을 더욱 발전시켜서 그것을 소논문 형식으로 작성했는데, 이것이 바로 논문 '천체 운동에 관해 구성한 가설에 대한 니콜라우스 코페르니쿠스의 소론'이며, 이 논문을 주변의 몇몇 지인들에게만 알렸다. 아리스토텔레스의 천문 체계에 의문을 제기하면서 태양 중심 체계를 가설로 제시했던 논문이 정식 인쇄본으로 출간된 때는 그의 사후였으며, 논문에서 그는 수학적 접근을 본격적으로 시도하지는 않았다.

소논문을 발표한 이후 코페르니쿠스는 그의 대표적 저서인 「천체의 회전에 관하여(De revolutionibus orbium coelestium)」를 완성하였는데, 이 책의 발간은 또 다른 인물의 등장으로 가능할 수 있었다. 코페르니쿠스의 연구에 평소 많은 관심을 가지고 그의 새로운 체계에 확신을 갖고 있었던 오스트리아의 천문학자이자 수학자인 레티쿠스(Rheticus, 본명 Georg Joachim von Lauchen, 1514~1576)는 코페르니쿠스에게 코페르니쿠스의 체계에 관한 기록들을 책으로 출간하자고 강력히 권했다. 출간이 결정되자 레티쿠스는 루터파 목사인 오시안더(Andreas Osiander, 1498~1552)에게 책의 감독 작업을 맡기고 「천체의 회전에 관하여」의 출간을 의뢰하였다. 하지만 오시안더는 책의 출간으로 인한 교회와의 마찰을 염려하여 코페르니쿠스의 책 서문에서 '새로운 체계는 추상적인 가설에 불과하다'라는 문장을 임의대로 첨가하게 되었다. 그리하여 코페르니쿠스의 저술 「천체의 회전에 관하여」는 세상에 나오게 되었고, 1616년 교황청의 금서목록에 올랐다가 19세기 초에 금서에서 풀려났다. 마침내 이 책과 더불어 천문학의 혁명, 그리고 근대 과학혁명이 일어나기 시작하였다.

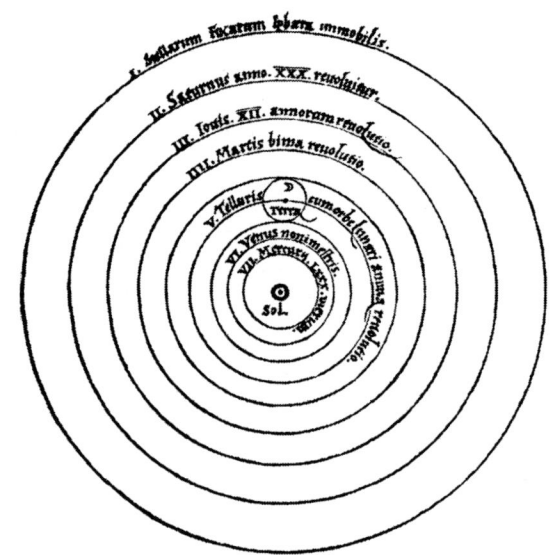

[그림 5.2] 「천체의 회전에 관하여」: 태양 중심 체계 그림

「천체의 회전에 관하여」에는 '우주와 지구는 둥글다'와 '지구는 자전과 동시에 공전하는 별'에 지나지 않는다는 내용이 실려 있었다. 하지만 사실 코페르니쿠스는 아리스토텔레스와 프톨레마이오스의 체계, 즉 모든 천체에는 투명한 수정구들이 붙어있으며, 행성의 불규칙한 운동이 여러 원들의 결합을 통해 가능하다는 설명에서 완전히 벗어나지는 못했다. 그는 태양을 중심으로 한 행성 체계를 설정하고, 행성들 간의 관계를 재인식했던 것이다.

코페르니쿠스의 이와 같은 새로운 체계는 전통적인 교회의 입장과 확연히 다른 것이었으므로 일부에서의 비판이 일어나는 것은 당연한 일이었으며, 동시대의 종교개혁가 마틴 루터조차도 코페르니쿠스의 태양 중심 체계가 천문학 전체를 퇴보하게 만든다는 혹평을 하기도 했다. 따라서 코페르니쿠스의 새로운 체계가 우주에 대한 인식과 세계관을 바꾸어 놓기까지는 오랜 세월이 필요했다.

그의 새로운 우주 체계는 중세시대 서양의 인간관, 세계관 그리고 우주관의 뿌리를 뒤흔들기에 충분했다. 바로 '혁명'이었던 것이다. 엄밀히 말하자면 코페르니쿠스는 근대 과학자라기보다는 고대 그리스 철학자에 더 가까울지도 모른다. 이는 실험이나 천체 관측을 직접 하지 않았기 때문이며, 그의 위대한 천문 체계는 하나의 사상에 지나지 않았기 때문이다. 다시 말해서 천체의 움직임을 설명하는 데에 있어서 프톨레마이오스가 고안한 복잡한 체계 대신 코페르니쿠스는 새롭고 간단한 우주 체계를 제공했던 사고 실험이었던 것이다.

코페르니쿠스의 태양중심설인 지동설에서 우리가 주목해야 할 점은 그의 태양계와 오늘날 우리가 알고 있는 태양계에 차이가 있다는 것이다. 코페르니쿠스는 관측 결과와 계산의 일치를 위하여 태양을 우주의 온전한 중심으로 가정하지 않고, 태양을 태양계의 중심에서 약간 벗어난 곳에 위치시켰던 것이다. 또한 행성의 공전궤도를 완전한 원으로 가정하였고, 외행성들의 역행운동을 설명하기 위하여 프톨레마이오스의 주전원 개념을 그대로 사용했을 뿐만 아니라 코페르니쿠스는 지구의 공전과 자전의 증거를 온전히 밝혀내지 못했다.

코페르니쿠스의 지동설에는 몇 가지 오류가 있는데, 실제 천체의 위치를 예측하는 데에 있어서 천동설보다 개념적으로 더 단순하며, 덜 정밀하다는 것과 천체들이 수정구에 붙어 있는 상태로 완전한 원운동을 한다는 것이다. 당시의 과학 발달 정도를 감안한다면 이는 단순한 기술적인 문제에 불과하므로 그의 태양계의 모습이 우리와 다르다고 하더라도 그가 생각한 우주의 중심은 태양이었고, 모든 천체들은 태양을 중심으로 운동하고 있다는 것이다.

따라서 코페르니쿠스의 태양중심설은 당시 우주관의 완전한 변혁을 요구했을 뿐 아니라 세계관의 대변혁을 일으켰고 교회의 권위가 떨어지게 되면서 사상의 자유가 가능해졌다. 이러한 배경 속에서 갈릴레이라는 천재의 등장과 함께 과학은 비약적으로 발전할 수 있었다.

2 티코 브라헤의 과학: 신우주설

덴마크 귀족 출신인 티코 브라헤(Tycho Brahe, 1546~1601)는 쌍둥이로 태어나서 자녀가 없던 큰 아버지 요에르겐 브라헤(Joergen Brahe)의 양자로 입양되어서 유년 시절을 보내게 되었다. 요에르겐 브라헤는 자신의 귀족 지위를 조카 티코에게 물려주기 위해서 교육에 힘썼으며, 티코는 큰 아버지의 원하는 바에 따라 코펜하겐(Copenhagen) 대학에 철학, 라이프치히(Leipzig) 대학에서 법학 그리고 아우구스부르크(Augsburg) 대학에서 화학을 각각 공부하게 되었다. 하지만 1560년 당시 예측 되어있던 일식을 관측한 후, 티코는 오로지 천문학에 더 많은 열정과 관심을 가지게 되었고, 결국 대부분의 시간을 천문학과 수학 공부에 할애했다.

[그림 5.3] 티코 브라헤와 그의 여동생 소피아 브라헤

귀족 출신 과학자 티코 브라헤는 과학을 대하는 자세는 무척 성실했다. 특히 그의 좋은 시력 덕분에 망원경이 아닌 육안으로 천체 관측을 했지만, 그 정확도는 아주 정밀했다고 한다. 매일 밤하늘의 여러 천체들을 관측할 때마다 그의 옆에는 여동생 소피아 브라헤(Sophia Brahe, 1556~1643)가 관측 결과를 기록하면서 상당 부분 도움을 주었다. 이런 기록들은 후에 티코의 제자인 케플러가 '지동설'을 주장하는 바탕이 되기도 한다.

티코 브라헤에 대한 잘 알려진 유명한 일화가 하나 있다. 대학생 시절에 그의 동료와 수학 실력의 우위를 가리기 위해 검으로 결투를 하던 중 티코의 코끝이 잘린 사건이 발생했는데, 그로 인해 그는 항상 얼굴에 마스크를 쓰고 다녀야 했다.

이후 덴마크 왕 프레데릭 2세(Frederik II, 1534~1588)의 후원으로 작은 벤(Hven)섬에

'하늘의 도시'라는 뜻을 가진 '우라니보르그 천문대(Uraniborg Observatory)'가 설립되었는데, 당시 최고의 관측기기와 인쇄소 시설까지 갖추었다고 한다(1576). 그곳에서 티코는 항성과 행성의 위치 관측에만 전념할 수 있었다. 하지만 프레데릭 2세가 죽은 후, 덴마크의 새 국왕 크리스티안 4세(Christian Ⅳ)는 천문학에 관심이 없었기에 티코에게 그다지 호의적이지 않았고, 1599년에 그는 신성 로마 제국 황제 루돌프 2세의 초청으로 벤 섬을 떠나 프라하로 이주해서 그 곳에서 생을 마감했다.

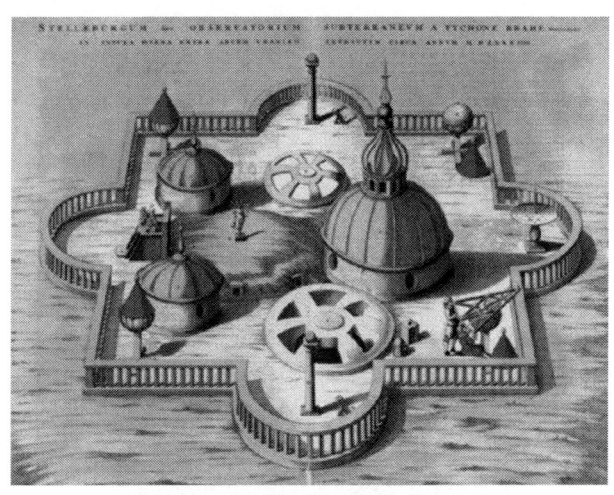

[그림 5.4] 우라니보르그

사람들은 티코 브라헤의 죽음을 요독증 혹은 방광 파열로 추정하고 있었다. 제자 케플러에 의하면 당시 파티 도중에 화장실에 가는 것은 예의에 벗어나는 것이었기 때문에 파티에 자주 참석했던 티코는 화장실 가는 것을 너무 오래 참아서 정신이상을 일으키기도 했다고 전했다. 이 외에도 그의 죽음에 대하여 수은 중독이 그 원인이었다고 추정하기도 한다. 이는 아마도 티코 브라헤가 연금술에 많은 관심이 있었기에 실험 도중 중금속을 맛보았을 가능성 때문이기도 하며, 그의 잘려나간 코를 가리기 위한 마스크에서 중금속 물질이 나왔을 가능성 때문이기도 하다는 것이다.

티코는 망원경이 발명되기 전 육안으로 천체를 정밀하게 관측한 최고의 관측 천문학자였다. 특히 1572년에 카시오페이아 자리에 등장한 초신성(supernova)에 대한 관측으로 유명한데, 그는 이를 '티코의 초신성(Tycho's Supernova, SN1572)'이라 불렀고, 이에 관한 내용을 그의 저서 「신성에 대하여(De Nova Stella)」에 담았다. 일생을 다하고 생을 마감하는 별의 마지막 순간에 엄청나게 밝은 빛 에너지가 발생되는데, 마치 이 모습이 새로운 별의 탄생처럼 보이기 때문에 초신성이라고 한다. 초신성은 폭발 당시 잔해물을 형성하며, 이들은 수 백 년 동안 빛을 발한다. 티코는 초신성 관측에 대한 장면을 '금성보다 더 밝아서 낮 동안에도 육안으로 볼 수 있었다'고 기록했는데, 그 밝기는 점차 빛을 잃고 1574년에 사라졌다. 무려 16개월 동안 그 잔해물이 관측되었던 것이다.

그로부터 약 450년 후 2008년 독일의 막스 플랑크 전파천문학 연구소(Max Planck Institute for Radio Astronomy)에 의해 티코의 초신성 잔해물(Tycho's Supernova Remnant)이 다시 발견되었는데, 이는 초신성 잔해물에서 방출되는 X선(X-ray view of Tycho's supernova remnant)이 우주 공간에 반사되었다가 다시 지구에 도달했기 때문으로 판단되었다.

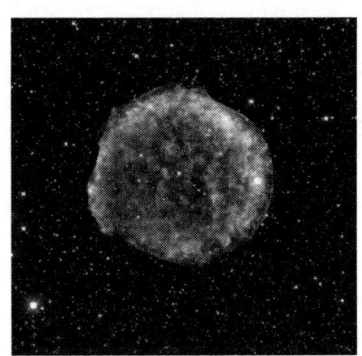

[그림 5.5] 티코의 초신성 잔해물에서 방출되는 X선

'천상계는 불변하다'는 아리스토텔레스의 우주관이 지배적이었던 당시에 티코의 초신성 관측은 동요를 일으키기에 충분했다. 달 위 천상의 세계에 있는 흰색의 별빛이 점차 노란색과 붉은색으로 변한다는 것과 별이 생각보다 훨씬 멀리에 위치한다는 것이 사실로 드러났기 때문이다. 뿐만 아니라 혜성은 달 아래의 지상계에서 일어나는 현상이라 여겼던 아리스토텔레스의 우주관과 달리 1577년 티코는 혜성이 지구의 대기에서 일어나는 단순한 기상현상이 아니라는 사실 뿐만 아니라 혜성은 지구에서 훨씬 먼 천상계에서 타원을 그리며 움직이고 있는 하나의 천체라는 사실을 밝혀냈다.

티코는 자신의 죽음을 앞두고 일평생 밤하늘을 관측했던 방대한 자료들을 제자 케플러에게 넘겨주었다. 스승의 명성에 결코 부족함이 없는 케플러였기에 티코의 관측 자료들은 이후 천문학의 커다란 기여를 하게 되는데, 그것들이 바로 지동설을 주장할 수 있었던 '케플러의 법칙'으로 탄생하게 되었다. 비록 지구중심설을 주장하고 태양중심설에 반대했던 최후의 천문학자이지만, 티코의 업적 중 가장 기념할 만한 것은 단연 그의 관측기록의 정확성일 것이다.

태양 중심의 세계를 관측했으나 태양중심설은 반대했던 티코는 관측한 사실들을 근거로 자신만의 새로운 우주론을 전개해 나갔다. '모든 행성은 태양을 중심으로 회전하며, 그 태양은 우주의 중심인 지구를 중심으로 회전한다'는 절충안을 제시했던 것이다. 그는 아리스토텔레스와 프톨레마이오스의 천동설이라는 우주 체계가 코페르니쿠스를 거쳐 갈릴레이와 케플러의 지동설로 옮겨가는 과정에서 가교 역할을 했을 뿐 아니라 근대 천문학 형성에 이바지 한 셈이다.

1601년 브라헤의 관측 기록을 고스란히 넘겨받은 케플러는 스승의 관측 기록을 계산하는 데에 무려 4년의 세월이 걸렸다고 하니 티코가 얼마나 많은 시간 동안 밤하늘 천체의 움직임에 눈을 떼지 않았을지 충분히 짐작할 수 있다.

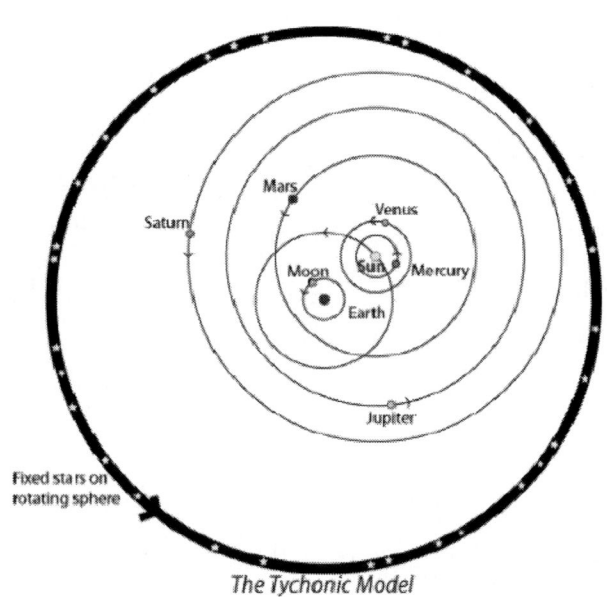

[그림 5.6] 티코 브라헤의 신우주설

3. 갈릴레이의 과학: 태양중심설

[그림 5.7] 갈릴레이

물리학자이자 천문학자인 갈릴레이(Galileo Galilei, 1564~1642)는 이탈리아의 토스카나(Toscana) 지역의 작은 마을 피사(Pisa)에서 태어났다. 장남의 경우 성(family name)을 이름(surname)에 겹치게 하여 성과 이름이 비슷한 발음을 갖도록 하는 토스카나 지방의 풍습에 따라 지어진 이름이 갈릴레오 갈릴레이인 것이다.

어느 날 피사의 대사원에서 기도를 드리려고 할 때, 천장에 달려 있는 아름다운 램프가 갈릴레이의 눈에 들어왔다. 램프에 불을 붙인지 얼마 되지 않았는지 천장에 매달린 채 램프는 그 자리에서 좌우로 흔들리고 있었다. 좌우로 커다란 움직임을 보였던 램프의 진폭은 시간이 흐르면서 점점 작아져 멈추게 되는 과정에서 갈릴레이는 각 램프들의 공통점 하나를 알아차렸다. 천장에 매달린 줄의 길이가 같은 램프들은 움직이는 진동이 크든 작든 간에 램프가 좌우 한 번 흔들리는 데 걸리는 시간인 왕복시간이 동일하게 보였다. 당시 대부분의 사람들은 흔들리는 물체의 폭이 작을수록 왕복시간은 더 짧고, 진폭이 클수록 더 길다고 생각했기 때문에 이러한 현상은 갈릴레이에게도 신기한 일이었다.

램프의 왕복시간을 측정하기 위한 방법을 생각하던 중 갈릴레이는 평상시 사람의 정상 맥박이 규칙적이라는 것을 떠올렸다. 그의 규칙적인 맥박 속도를 기준으로 하여 천장에서 흔들리는 램프의 왕복시간을 측정해 보기로 했던 것이다. 이와 같은 방법으로 갈릴레이는 램프가 1회 흔들리는 데 걸리는 왕복시간은 진폭이 크건 작건 같다는 것을 증명해 낼 수 있었다. 램프가 좌우로 움직이는 정도의 물리량을 '진폭'이라 하며, 진폭이 클수록 움직이는 속도가 빠르고, 진폭이 작을수록 속도는 느리므로 매달리는 물체(진자)의 왕복시간(주기)은 진폭이나 진자의 무게에 상관없이 동일하다는 것을 '진자의 등시성'이라고 한다.

1597년 그가 케플러(Johannes Kepler, 1571~1630)에게 보낸 편지에서 전통적인 아리스토텔레스-프톨레마이오스의 천동설이 바다의 조수 현상(밀물과 썰물에 의해 바닷물의 높이가 주기적으로 변하는 현상)을 설명할 수 없기 때문에, 자신은 코페르니쿠스의 지동설이 더 타당하다고 밝히기도 했다. 이 무렵부터 갈릴레이는 자신의 천문 관측 결과에 따라서 코페르니쿠스의 태양중심설에 대한 확신을 가지게 되었는데, 이것이 로마 교황청의 반발을 얻기 시작한 계기가 되었다.

1) 목성의 위성

1608년 네덜란드의 안경 제작자인 리퍼세이(Hans Lippershey, 1570~1619)가 볼록렌즈와 오목렌즈를 나무통 속에 끼워 넣은 방식의 굴절 망원경을 발명했다는 소식을 접한 즉시 갈릴레이는 그 원리에 따라 망원경 개발에 착수했다. 이듬해 갈릴레이는 더 높은 확대율을 지닌 망원경을 직접 제작하였고, 이를 '텔레스코피움(Telescopium)'이라고 불렀다. 당시 완전한 구(球)형이라 여겼던 것과 달리 달에는 산과 계곡이 있어서 그 표면이 울퉁불퉁하다는 것과 지구를 중심으로 모든 천체가 회전한다는 생각과 달리 목성을 중심으로 회전하고 있는 이오(Io), 유로파(Europa), 가니메데(Ganymede)와 칼리스토(Callisto), 총 4개의 위성이 존재한다는 것을 발견하였다. 그는 목성의 4개의 위성을 '메디치가의 별'이라 이름 지었고, 이것이 오늘날 우리가 알고 있는 '갈릴레이 위성'(Galilean moons)이다. 더 큰 천체를 중심에 두고 더 작은 천체들이 회전하는 목성과 위성들의 관측 결과에 따라서 더 큰 태양을 중심에 두고 더 작은 지구가 회전한다는 태양중심설에 확신을 하게 되면서 1610년 갈릴레이는 지동설을 공표했고, 천동설의 오류를 예리하게 지적했다.

2) 태양의 흑점

갈릴레이는 망원경으로 천체 관측을 하던 중 태양에 많은 관심을 가질 수밖에 없었다. 1611년에 그가 태양 표면에 위치한 검은 점(spot)을 발견했기 때문이다. 그는 태양 표면의 흑점이 동쪽에서 서쪽으로 이동하여 서쪽 가장자리에서 사라졌다가 약 2주 후 반대편인 동쪽에서 다시 나타난다는 것과 약 11년을 주기로 흑점5)의 수가 변한다는 것을 관측할 수 있었다. 태양의 흑점 이동에 대한 관측 결과를 토대로 갈릴레이는 '태양이 약 4주를 주기로 자전한다'는 결론에 이르게 되었다. 이는 사실 갈릴레이에게도 놀라운 일이었다.

[그림 5.8]은 같은 시간 간격으로 관측한 흑점의 이동을 나타내고 있다. 같은 시간 동안 저위도에서 흑점의 이동 거리가 가장 많았던 것을 알 수 있다. 이는 태양의 적도 부근의 자전 속도가 고위도에 비해 더 빠르다는 것을 의미한다. 이처럼 태양은 위도에 따라 자전 속도가 다른데, 이를 '차등자전'이라 한다.

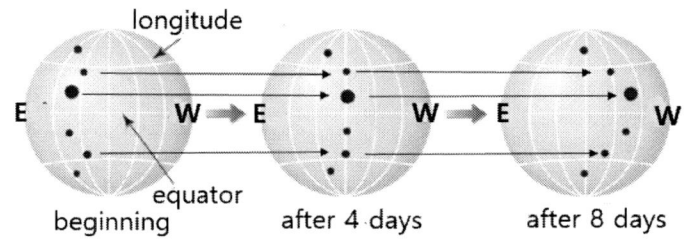

[그림 5.8] 태양흑점의 이동

고대 그리스의 대표적 학자인 아리스토텔레스는 달을 중심으로 하여 달 위의 천상계와 달 아래의 지상계, 두 세계로 나누어서 천상계는 완전하고 불변하며 신성을 지녔다고 생각했다. 아리스토텔레스가 주장했던 천상계의 속성이 '태양 표면에서 관측되는 흑점이 움직이며, 심지어는 그 모양이 변한다'는 사실과 불일치한다는 것을 갈릴레이는 인식하게 되었던 것이다.

당시 태양의 흑점을 관측하고 연구한 인물들이 갈릴레이만은 아니었다. 1610년 독일의 신학자이자 천문학자인 파브리치우스(David Fabricius, 1564~1617)는 망원경을 천체

---

5) 태양표면의 온도 약 6,000K에 비해 약 1,500~2,000K 정도 낮아서 주변에 비하여 약간 어둡게 관측되는 부분을 말한다. 흑점의 수명은 수일~수개월 정도이고, 그 크기는 약 10,000km이다. 지구에서 관측할 때 태양 흑점의 이동방향이 동쪽에서 서쪽이므로 태양의 실제 자전방향은 가상의 자전축을 중심으로 태양의 북극에서 내려다 볼 때, 반시계 방향인 서쪽에서 동쪽이 된다.

관측에 사용하여 태양 흑점과 태양 표면에서의 이동을 관측하여 태양의 자전을 주장한 바 있었다. 갈릴레이가 흑점을 발견한 시기와 비슷한 1611년 독일의 천문학자이자 신부인 샤이너(Christoph Scheiner, 1575~1650)도 태양의 흑점을 발견하였다. 파브리치우스는 태양의 흑점 발견 선취권을 두고 갈릴레이에게 불편한 감정을 보였으며, 샤이너는 태양의 흑점 발견에 관한 서신을 갈릴레이와 교환하면서 논쟁을 벌이기도 했다. 샤이너와의 논쟁에 관한 내용을 갈릴레이가 「태양흑점에 관한 서한」에 발표하자 샤이너는 노골적인 적개심을 드러냈다. 이후 갈릴레이는 '태양은 모든 천체들의 회전 중심에 위치하고 있으며, 지구는 그 주변을 자전하고 있다'는 주장을 펼쳤다.

3) 낙체법칙

고대 그리스 과학에 커다란 영향력을 지닌 대표적 학자들 중 한 인물인 아리스토텔레스는 '질량이 서로 다른 두 물체를 동시에 떨어뜨리면 가벼운 물체보다 무거운 물체가 더 빨리 땅에 떨어진다'는 주장을 펼쳤다. 물론 그의 생각이 실험이나 관찰을 통해 증명된 바는 없지만, 이는 가벼운 물체가 공기 저항을 더 많이 받기 때문이다.

16세기 중반, 물체의 낙하운동에 관심이 있었던 또 다른 인물은 네덜란드의 수학자로도 알려진 스테빈(Simon Stevin, 1548~1620)이었다. 그는 '약 10배 정도의 질량 차이가 나는 두 개의 납으로 된 공을 높은 곳에서 동시에 낙하시키면, 예상과는 달리 이 두 공의 낙하 시간은 10배의 차이가 나지 않고, 거의 동시에 땅에 떨어진다'는 관찰 결과를 기록한 바 있다.

갈릴레이도 스테빈과 같은 결과를 얻은 실험을 시도한 적이 있었는데, 그것이 바로 피사의 사탑에서 행해진 유명한 낙체실험에 관련된 일화이기도 하다. 갈릴레이는 쇠공과 나무공을 같은 높이에서 동시에 낙하시켰을 때 두 공은 동시에 땅에 떨어졌던 반면, 쇠공과 깃털의 경우에는 쇠공이 더 빨리 낙하한다는 것을 발견했다. 그는 납, 금 및 돌 등의 다양한 물체들을 이용한 낙체실험을 수차례 거듭하였다.

마침내 '매질의 저항, 즉 공기의 저항이 없다면, 질량이 다른 모든 물체라 하더라도 같은 속도로 낙하할 것이다'는 결론에 이르렀다. 다시 말해서 같은 높이에 위치한 물체가 자유낙하[6]할 경우 모든 물체는 그 질량과 무관하며, 물체의 낙하속도는 동일하므로

---

[6] 처음 속력이 0인 상태인 정지해 있는 물체를 놓아 중력에 의해서만 지표면으로 떨어지는 상태를 말한다.

동시에 떨어지게 된다는 것이다. 이것이 바로 갈릴레이의 '낙체법칙(Law of falling bodies)'이다. 이때 공기 저항이 없는 진공 상태라는 제한적 조건이 수반되어야 한다. 이후 실험을 통해 확인된 결과에 따르면, 오늘날 낙체법칙은 '진공 상태에서 자유낙하하는 모든 물체는 질량에 무관하게 동일한 가속도로 운동한다'고 말할 수 있다.

또한 갈릴레이의 경사면에서 공을 굴리는 사고실험에 따르면, 무시해도 될 정도의 적은 마찰력일 경우 모든 물체에 어떠한 외부의 힘도 가해지지 않을 때 물체는 일정한 속도로 움직인다는 것이다. 이는 일정한 속도로 움직이는 물체에 외부의 힘이 작용하지 않는다면, 물체는 계속 동일한 속도로 움직인다는 의미이다. 마찰력을 무시했을 때, 처음 위치(initial position) A에서 출발한 공은 같은 높이인 B, C, 나 D까지 올라간다. 하지만 출발한 위치보다 낮은 위치 E일 경우, 출발한 공은 영원히 운동하게 된다([그림 5.9]). 갈릴레이는 자신이 고안해 낸 실험을 통하여 '관성(inertia)' 개념을 떠올렸던 것이다. 이는 후에 뉴턴의 운동법칙의 근간이 될 수 있었다.

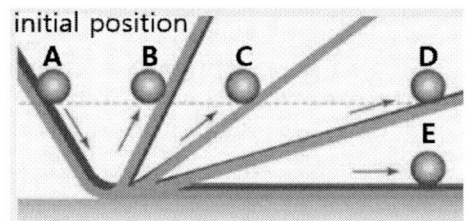

[그림 5.9] 갈릴레이의 사고 실험

4) 태양중심설

갈릴레이의 친구인 바르베리니(Maffeo Barberini, 1568~1644) 추기경이 1623년 교황 우르반 8세(Urbanus Ⅷ)로 즉위하자 갈릴레이는 그를 설득해서 저서 「프톨레마이오스-코페르니쿠스 두 개의 주요 우주 체계에 대한 대화(Dialogue on the Two Chief World Systems)」를 출간할 수 있도록 허락받았다. 그 제목에서 책의 형식을 짐작할 수 있듯이 대화 형식으로 전개되는 「프톨레마이오스-코페르니쿠스 두 개의 주요 우주 체계에 대한 대화」에 등장하는 주인공은 세 사람이다. 코페르니쿠스의 지동설을 지지하는 철학자인 살비아티(Salviati), 아리스토텔레스의 천동설을 고집하는 인물인 심플리치오(Simplicio) 그리고 그 둘의 대화를 이끌어 나가는 사회자 역할을 하는 시민인 사그레도

(Sagredo)이다.

갈릴레이의 저서가 발간되었다는 사실을 알게 된 신부이자 천문학자인 샤이너는 교황에게 책에 등장하는 주인공들이 상징하는 바와 책의 내용을 상세히 설명하자 이에 교황 우르반 8세도 반감을 드러내게 되면서 이 책의 논란은 확대되기 시작하였다. 책 발간을 앞두고 갈릴레이가 교황에게서 '코페르니쿠스의 우주론을 단지 가설 정도로만 수용하라'는 조언과 경고를 무시했다는 이유로 교황청의 반감은 마침내 1633년 6월, 갈릴레이를 종교재판에 회부시켜 유죄 선고를 받게 만들었다. 이에 재판관들은 갈릴레이에게 자신의 이론을 철회를 요구했고, 지동설을 옹호하지 않겠다는 서약을 강요받는다. 그 서약의 내용은 다음과 같다.

첫째, 태양이 세계의 중심에 있어 움직이지 않는다는 명제는 불합리하며 철학적으로 틀렸고 성서에 명백히 위배되므로 형식상으로 이단이다.

둘째, 지구가 세계의 중심이 아니고 부동이 아니며 운동한다고 한 명제도 불합리하고 신학적으로는 신앙에 위배된다고 간주한다.

종교재판 이후 갈릴레이는 가택 연금 상태로 여생을 보냈는데, 말년의 대부분을 태양 관측에 전념하면서 실명의 고통을 겪게 되었다. 그의 곁에는 갈릴레이의 제자인 이탈리아의 물리학자이자 수학자인 비비아니(Vincenzo Viviani, 1622~1703)가 연구를 도우면서 스승 갈릴레이의 보호자 역할을 하고 있었다. 이후 1636년 갈릴레이는 「두 개의 신과학에 관한 수학적 논증과 증명(Discourses and Methmetical Demonstrations Relating to Two New Science)」을 완성했으며, 1638년 네덜란드 라이덴(Leiden)에서 자신의 저술을 출간했다. 중세와 근대 과도기의 과학이 공존하던 시대 속에서 위대하고 훌륭한 과학자 갈릴레이가 세상을 떠나는 1642년에 영국에서는 갈릴레이 이후의 과학을 이끌어 나갈 뉴턴(Isaac Newton)이 태어났다.

4 케플러의 과학: 3가지 법칙

독일의 천문학자 케플러(Johannes Kepler, 1571~1630)는 전투를 위해 부모가 네덜란드로 떠나게 되자 불우한 환경에서 유년시절을 보내게 되었다. 할아버지와 지내는 동안 케플러는 천연두에 걸려 시력이 급격히 악화되어서 학습을 배우고 익히는 데에 많은 시간과 노력을 들여야만 했다.

[그림 5.10] 케플러

케플러는 어려서 월식과 혜성과 같은 현상들을 관찰했던 기회 덕분에 천문학에 많은 관심이 있었지만, 성직자가 되고자 하는 마음에 신학교에 입학하기로 결심했다. 시력 장애와 허약한 체력이었음에도 불구하고 그의 학업 성적은 우수했고, 튀빙겐(Tübingen) 대학교에 입학하여 케플러는 수학, 물리학, 천문학 등을 공부했다.

1596년 케플러는 태양을 중심으로 하는 수성, 금성, 지구, 화성, 목성 그리고 토성 총 6개 행성들의 움직임에 대한 설명을 「우주의 신비(The Cosmographic Mystery)」라는 자신의 대표적 저술로 발간했다. 이후 그는 덴마크의 천문학자인 브라헤(Tyco Brahe)의 제자가 되어 천문학에 대한 연구를 수행했으며, 브라헤의 임종 때 스승의 천문 관측 자료들을 넘겨 받았다. 이는 '육안으로 가장 정밀한 관측을 한 천문학자'인 브라헤가 16년 동안 관측하고 수집한 것들이다. 이를 계기로 케플러는 지동설의 확립을 앞당기는 데에 커다란 공헌을 할 수 있었다.

이후 케플러는 스승 브라헤로부터 받은 행성의 운동에 관한 관측 기록들을 분석하는 데에만 수 년이 걸렸다고 한다. 그러던 중 그는 자료를 분석 결과 몇 가지 규칙을 발견했는데, 이를 '케플러의 법칙(Kepler's Law)'이라 한다. 바로 이 법칙들은 후세의 과학사에 등장하는 뉴턴(Isaac Newton, 1642~1727)이 '만유인력의 법칙'을 발견하는 데 결정적인 근간이 되었다.

1) 타원궤도의 법칙

타원궤도의 법칙(Law of ellipses)은 '모든 행성의 궤도는 태양을 하나의 초점에 두는 타원궤도를 그린다'는 내용으로서 케플러의 제1법칙이다. 케플러는 행성들은 원운동을 하는 것이 아니라 태양을 하나의 초점으로 하는 타원궤도를 따라 돌고 있다는 것을 확인했으며, 후에 뉴턴에 의해 증명되었다. 그렇다 하더라도 태양을 중심으로 회전하는 행성들의 궤도가 타원형이지만, 수성과 명왕성을 제외하고는 거의 원형에 가까울 정도의 낮은 이심률을 나타내고 있다.

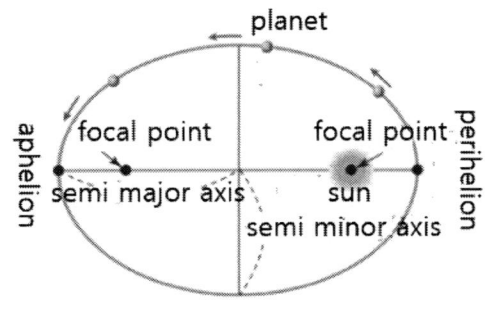

[그림 5.11] 행성의 타원궤도 운동

2) 면적-속도 일정의 법칙

면적-속도 일정의 법칙(Law of areal velocity constancy)은 '타원궤도에서 동일한 시간 동안 행성이 쓸고 지나가는 면적은 동일하다'는 내용으로서 케플러의 제2법칙이다. [그림 5.12]에 의하면, 타원궤도 면에서 S_1과 S_2는 행성이 동일한 시간 동안 쓸고 간 면적이며, 두 면적은 항상 일정하다. 따라서 행성이 근일점을 통과할 때 공전 속도(v_1)가 가장 빨라지고, 태양에서 먼 원일점에 위치할 때 속도(v_2)가 가장 느려진다는 것을 의미한다.

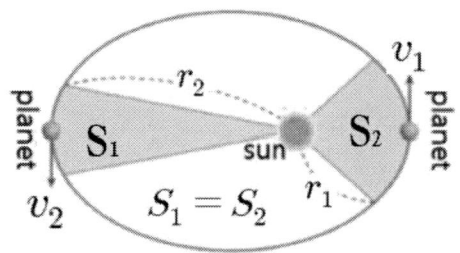

[그림 5.12] 면적-속도 일정의 법칙

3) 조화의 법칙

조화의 법칙(Harmonic law)은 '태양으로부터 가까이에 위치한 행성에 비하여 멀리 위치한 행성일수록 공전 속도가 느려지고, 공전 주기도 길어진다'는 내용으로서 케플러의 제3법칙이다. 이를 근거로 태양으로부터 행성들의 거리를 측정할 수 있으므로 '행성의 공전 주기(T)의 제곱은 궤도 장반경(R)의 세제곱에 비례'한다. 이는 관측 가능한 모든 행성에 보편적으로 적용되는 규칙성을 보이기 때문에 '조화의 법칙'이라고 한다. 이를 수식으로 표현하면 다음과 같다.

$$\frac{T^2}{R^3} = k \rightarrow T^2 = kR^3 \quad (T: 공전주기, \ R: 궤도 장반경, \ k(일정): 기울기)$$

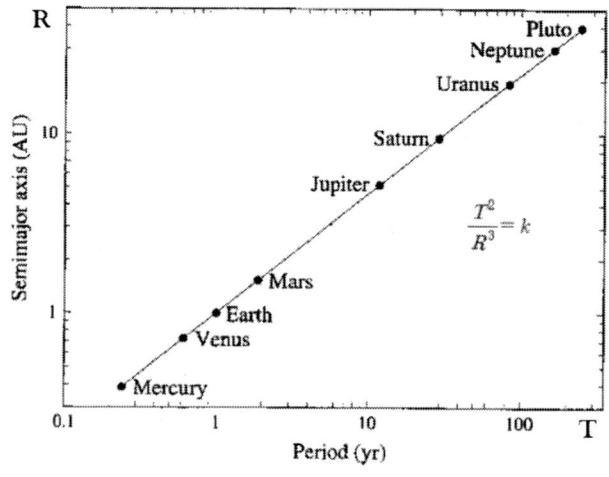

[그림 5.13] 조화의 법칙

5 윌리엄 하비의 과학: 혈액순환론

고대 학자 갈레노스(Claudius Galenos, 129~199)는 인체의 심장에서 흘러나오는 많은 양의 피를 관찰한 후 '혈액이 심장에서 만들어진다'는 주장을 했다. 그렇지만 당시 종교계의 절대적 지지를 받았던 갈레노스의 견해와 달리 스페인의 의사이자 신부인 세르베투스(Michael Servetus, 1511~1553)는 폐순환[7]을 주장했다는 이유로 화형에 처해지게 되었던 것이다. 마치 코페르니쿠스의 지동설을 적극적으로 주장했다는 이유로 화형을 당했던 이탈리아 출신의 신부인 브루노(Giordano Bruno, 1548~1600)처럼 말이다.

의학에 대한 관심이 점점 증가하게 됨에 따라 인체 해부에 대한 연구가 진행되었는데, 벨기에 출신의 의사 베살리우스(Andreas Vesalius, 1514~1564)는 1543년 인류 최초의 인체 해부학 관련 서적인 「파프리카(De humani corporis fabrica)」를 저술하였다. 이를 계기로 갈레노스가 주장했던 의술의 오류들이 여기저기에서 발견되기 시작하였다. 갈레노스에 따르면, 인체가 섭취하는 음식이 간으로 들어가므로 혈액은 간에서 생성되어 심장으로 이동한 후 전신으로 흘러가서 소모되어 사라진다는 것이었다.

[그림 5.14] 윌리엄 하비

---

[7] '폐순환'이란 폐동맥을 통해 우심실에서 박출된 혈액이 폐에 도달한 후 기체 교환(CO_2 배출, O_2 흡수)을 거쳐서 다시 폐정맥을 통해 좌심방에 도달하는 순환을 말하며, 이를 '소순환'이라고도 한다. 이와 달리 대동맥을 통해 좌심실에서 박출된 혈액이 온몸을 지나면서 산소와 영양분을 공급해주는 기능을 담당하는 '체순환' 또는 '대순환'이라 한다.

갈레노스의 의견에 쉽사리 납득이 가지 않았던 인물은 영국의 의사이자 생리학자인 하비(William Harvey, 1578~1657)이다. 그는 동물 해부실험을 통하여 '심장이 수축하여 혈액을 온몸으로 내보낸다'는 것을 알 수 있었다.

그렇지만 그는 혈액이 어디에서 생성되어 심장으로 들어오는지에 대한 답은 발견하지 못했다. 하비는 직접 관찰하여 그에 관한 증거를 찾아내야만 했다. 그가 택한 방법은 죽은 사람의 심장을 해부해서 심장의 크기를 측정하는 것이었다. 그 결과 인체의 심장은 약 100ml 정도의 혈액을 담을 수 있다는 사실을 확인하였을 뿐 아니라 심장은 1분에 약 72회 정도 수축하고, 1회 수축 시 약 56g의 혈액을 방출한다는 사실을 알아냈다. 그는 생각했던 그 이상으로 심장이 많은 양의 혈액을 방출한다는 결론에 이르렀다. 이는 인체가 섭취한 음식물로 혈액이 만들어진다는 갈레노스의 생각을 따르기에는 너무 많은 양의 혈액이었다. 갈레노스의 생각과 달랐던 하비가 내린 답은 바로 '인체의 혈액이 순환한다'는 것이었다.

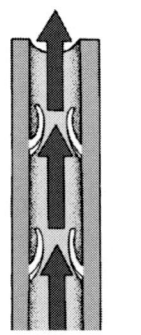 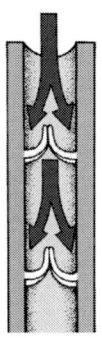

[그림 5.15] 판막의 기능: 열렸을 때(좌)와 닫혔을 때(우)

하비의 스승이었던 해부학자 파브리치우스(Hieronymus Fabricius, 1537~1619)는 정맥 내 판막(valve)[8]을 최초로 발견하고(1603), 판막의 구조와 기능에 대해 체계적 설명을 한 인물로 유명하다. 파브리치우스는 '혈관 내 판막이 혈액의 흐름 속도를 낮춰서 혈액의 양을 조절한다'는 갈레노스의 의견을 따랐다. 그렇지만 하비는 정맥 내 판막이 혈액을 심장으로 들여보내는 혈액순환 기능을 한다고 생각했다. 이를 증명하기 위해서 그는 수 년 간의 연구와 실험을 거듭하면서 택했던 방법은 고무줄과 같은 끈으로 혈관을

---

[8] 혈류의 역행을 방지하는 얇은 막으로서 심장과 정맥 내에 위치한다.

묶는 결찰사(結紮絲) 실험이었다.

[그림 5.16]에 의하면, 결찰사로 팔꿈치 윗부분을 압박하여 묶었을 때, 심장으로 향하는 정맥 내 혈액의 양이 증가하면서 정맥이 부풀어 오르게 된다. 첫 번째 그림(Figure 1)에서 정맥 부위의 볼록한 부분 B, C, D는 정맥의 판막에 해당되며, 두 번째 그림(Figure 2)에서 H 부위를 손가락으로 눌렀을 때, O와 H 구간에서는 혈액이 흐르지 않았다. 그리고 세 번째 그림(Figure 3)에서는 두 번째 그림(Figure 2)과 마찬가지로 H 부위를 손가락으로 누른 채 O 부위에서 H 부위 방향으로 손가락으로 혈액을 밀어보았지만, 그 방향으로 혈액이 흐르지는 않았다. 이를 토대로 하비는 혈액의 흐름은 정해진 한 방향으로만 흐르며, 역행하지 않는다는 사실을 알아낼 수 있었다.

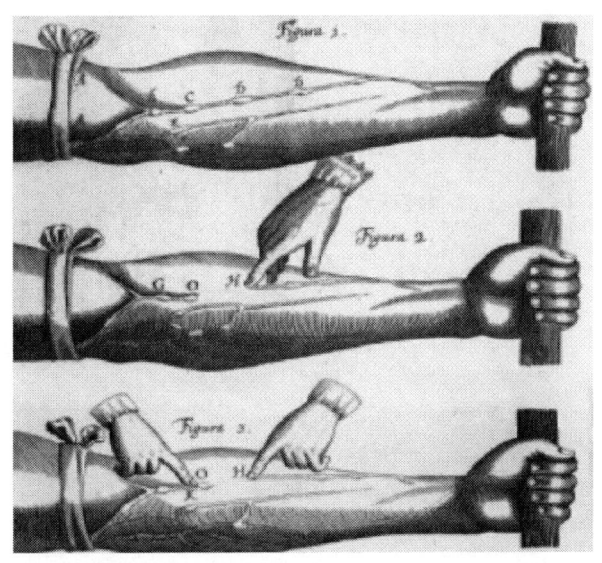

[그림 5.16] 결찰사를 이용한 하비의 실험

정맥을 묶었을 때 심장에서 멀리 떨어져 위치한 혈관의 부피가 증가한다는 것은 '정맥 내 혈류 방향은 심장을 향한다'는 의미이다. 그리고 동맥을 묶었을 때 묶은 부위와 심장 사이에 위치한 혈관의 부피가 증가하였는데, 이는 '심장에서 방출되는 혈액이 동맥을 통해 흐른다'는 의미이다. 다시 말해서 동맥은 심장에서 나오는 혈액이 흐르는 혈관이며, 정맥은 온몸을 순환한 후 심장으로 들어가는 혈액이 흐르는 혈관이라는 것이다. 하비는 이러한 내용을 자신의 저서 「동물의 심장과 피의 운동에 관한 해부학적 연구(An anatomical exercise on the motion of the heart and blood in animals)」에 담았다.

그렇지만 하비의 혈액순환 이론은 동시대를 살던 갈레노스의 의술을 추종하는 많은 과학자들에게 인정받지 못하였다. 그들이 하비의 혈액순환 이론을 받아들이지 않았던 것은 바로 정맥과 동맥이 만나는 연결 부위를 하비가 명쾌하게 답하지 못했기 때문이다. 동맥과 정맥의 연결 부위가 없다는 것은 혈액순환이 이루어지지 않는다는 의미였던 것이다. 안타깝게도 하비는 이 두 혈관을 연결하는 모세혈관9)의 존재를 밝히지 못하였다. 이는 이탈리아의 생리학자 말피기(Marcello Malpighi, 1628~1694)의 몫이었다. 이로써 1657년 혈액순환 이론이 완성될 수 있었다.

---

9) 동맥과 정맥 사이를 연결하는 곳으로 주변 조직과 산소, 영양분 및 물질 교환을 담당하는 털처럼 가는 혈관이다.

6장. 근대의 과학

코페르니쿠스에서 시작된 과학혁명은 뉴턴의 시대에 정착하기 시작했는데, 당시 과학자들은 여러 가지 자연현상을 관찰하고 실험했으며, 자연에서 발견되는 현상들을 수학적 원리로 접근하여 객관적 과학을 향해서 그 발걸음을 옮겨가고 있었다. 동시에 신비적이고 주술적이며, 종교적인 경향은 점차 퇴색되어갔고, 이성적이고 합리주의적으로 생각하고 연구하게 되었다. 이제 세상은 계몽주의를 향해 나아가고 있었던 것이다.

1 뉴턴의 과학: 만유인력의 법칙

한 시대의 천재 갈릴레이가 사라지자 다음 시대의 천재 뉴턴(Isaac Newton, 1642~1727)이 등장했다. 갈릴레이가 죽던 해 1642년 12월 25일 영국의 작은 마을 울스소프(Woolsthorpe)의 농가에서 미숙아로 태어난 뉴턴은 어려서 어머니의 보살핌을 제대로 받지 못했다. 그의 어머니가 3살 된 뉴턴을 외할머니에게 맡겨두고 이웃 지역의 한 목사와 재혼을 했기 때문이다. 태어날 때부터 작은 체구에 허약한 아이였던 뉴턴은 또래 아이들과 잘 어울리지 못하였지만, 책 읽는 일은 무척 잘했다고 한다. 뉴턴의 학문적 재능을 탐탁치 않게 여겼던 그의 어머니는 뉴턴이 자라나면 농장의 일을 전문적으로 하는 농부가 되길 원했다. 그래서 그는 16세가 될 무렵 농장 일의 경험을 쌓기 위해서 학교를 그만두어야 하기도 했다.

농사일에는 전혀 관심이 없었던 뉴턴이었지만 그의 학문에 대한 재능을 알아차린 외할머니와 외삼촌의 덕분으로 뉴턴은 후에 캠브리지 대학교(Cambridge University)에 입학할 수 있었다. 어머니의 심한 반대가 있었으나 대학에 입학한 뉴턴은 대학 수업에 만족하지 못해 혼자서 갈릴레이나 데카르트의 연구 분야에 몰두하기 시작했다.

[그림 6.1] 뉴턴

1665년 흑사병이 영국 전역으로 퍼지기 시작하면서 거의 10만 명 이상의 사람들이 사망하게 되었고, 캠브리지 대학도 휴교령을 내리자 재학 뉴턴은 도중 고향으로 돌아올 수밖에 없었다. 그 시기에 그는 장차 한 시대를 이끌어갈 만한 중요한 과학적 발견들을 이루어냈다. 중력을 고안해 내었고, 프리즘을 통한 빛의 성질을 연구하였으며, '유율법'이라고 하는 미적분의 계산법을 발견해 냈다.

[그림 6.2] 뉴턴의 사과나무의 후손: 한국 표준연구원(좌), 영국 캠브리지의 식물학 정원(우)

1669년 캠브리지 대학의 지도 교수인 배로우(Isaac Barrow, 1630~1677)의 교수직을 승계한 뉴턴은 평생을 독신으로 지냈다. 그는 당시의 몇몇 과학자들과 의견을 달리할 때가 있었는데, 훅(Robert Hooke, 1635~1703)과는 중력과 빛에 대한 개념으로, 호이겐스(Christiaan Huygens, 1629~1695)와는 빛의 성질에 대한 주장으로 그리고 라이프니츠

(Goufried Leibnize, 1646~1716)와는 미적분학 개발 우선권으로 긴 세월 동안 논쟁까지 벌였다. 자신과 의견을 달리하는 과학자들에 대해서 뉴턴은 매우 비이성적이고, 호전적인 반응을 보였을 뿐 아니라 그가 논문을 발표할 때마다 극도로 심리적 불안을 드러냈다.

하지만 뉴턴에게 언제나 호의적이었던 유일한 친구인 핼리(Edmond Halley, 1656~1742)의 전폭적인 지원에 힘입어서 1687년 뉴턴은 자신의 대표적 저서인「자연철학의 수학적 원리(Philosophiae naturalis principia mathematica)」를 출간할 수 있었다. 물리학자이자 수학자 그리고 천문학자인 뉴턴은 '근대과학의 아버지'라는 이름에 걸맞게 이론 물리학의 토대를 닦은 최고의 공로자라고 해도 과언은 아닐 것이다.

이후 뉴턴은 국회의원과 왕립 조폐국의 장관으로도 활동했으며, 1703년에는 영국 왕립협회 회장직을 지내다가 과학자로서는 최초로 영국 여왕으로부터 기사(knight) 작위를 받기도 했다. '자연은 일정한 법칙에 따라 운동하는 복잡하고 거대한 기계'라고 하는 그의 기계적, 역학적 자연관은 이후 과학과 계몽주의 사상의 발전에 커다란 버팀목이 되었다.

뉴턴의 대표적 업적 중 하나는 저서「프린키피아(Principia, 자연철학의 수학적 원리)」에 수록되어 있는 세 가지 운동법칙(Newton's laws of motion)이다. 이들은 물체의 질량과 힘의 개념을 명확히 설명하고 있으며, 고전역학을 집대성했다는 점에서 공헌한 바가 크다.

1) 관성의 법칙

뉴턴의 제1법칙은 관성의 법칙이다. '관성(inertia)'이란 외부에서 힘이 작용하지 않으면 모든 물체는 자신의 운동 상태를 그대로 유지하려는 성질이 있기 때문에 정지한 물체는 계속 정지해 있으려 하고, 운동하는 물체는 원래의 속력과 방향을 그대로 유지하려 한다.

이는 갈릴레오나 뉴턴의 근대과학 이전 중세시대를 지배했던 아리스토텔레스의 역학과 정면으로 대립된다. 모든 물체는 정지 상태가 되는 것이 자연스럽다고 생각했던 아리스토텔레스에 의하면, 물체가 동일한 운동 상태를 유지하기 위해서는 외부에서 끊임없이 힘이 제공되어야만 한다. 외부의 힘이 물체에 제공되지 않는다면 물체는 가만히 있으려고 한다는 것이다. 이는 마찰력의 작용으로 인하여 움직이는 물체는 일정 시간이 지나면 멈춘다는 관찰에서 기인했던 것으로 보인다.

이후 갈릴레이가 사고실험을 통해 처음으로 '관성'이라는 개념을 착안해 냈고, 이를 토대로 뉴턴은 관성의 개념을 완성하고, 운동의 제1법칙으로 정리했다. 이에 따르면, 물체의 정지 상태는 운동 상태의 특수한 경우로서 물체의 운동 상태를 바꾸려면 외부에서 물체에 가해지는 힘이 필요하고, 그 힘은 질량에 비례한다. 모든 물체가 운동을 할 수 있는 근본 원인은 '힘'이라 생각했고, 이를 수학적 모형으로 제안했다. 다시 말해서 힘은 운동의 상태를 바꾸는 요인이고, 질량은 관성의 크기에 비례하는데, 이를 물체의 고유한 성질인 '관성 질량(inertial mass)'이라 한다. 따라서 외부 힘이 0이라면 물체는 정지하거나 등속직선운동을 하게 되며, '관성력'은 물체에 가해지는 외부 힘의 반대 방향으로 물체가 받는 가상의 힘이다.

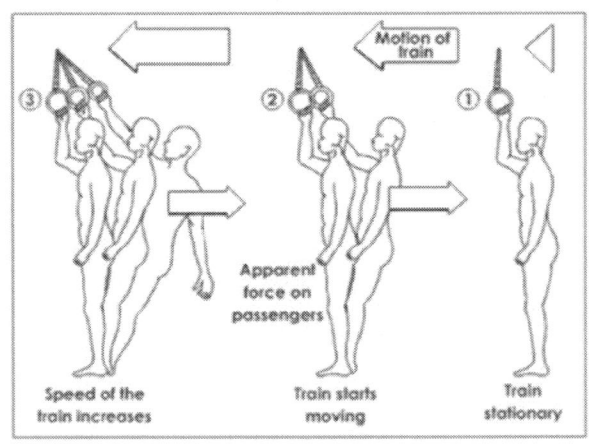

[그림 6.3] 관성의 예

2) 힘-가속도의 법칙

뉴턴의 제2법칙은 힘-가속도의 법칙이다. 정지해 있는 자전거를 움직이려면 페달을 밟거나 뒤에서 누군가가 자전거를 밀어주면 된다. 힘이 자전거의 운동 상태를 변화시킨 것이다. 이때 페달을 더 세게 밟을수록 또는 자전거를 더 세게 밀수록 자전거는 더 빠르게 움직인다. 즉 작용하는 힘이 클수록 자전거의 속도는 더 증가하게 된다. 이와 같이 일정한 시간에 주어진 힘의 정도에 따라 속도가 변하는 비율을 '가속도(acceleration)'라고 하며, 물체에 작용하는 힘의 세기가 클수록 가속도는 증가한다. 이와 같이 힘은 물체를 가속시킨다.

질량이 다른 두 물체에 각각 동일한 힘이 작용한다고 가정해보자. 이때 두 물체에서 형성되는 가속도는 다른데, 이는 물체의 질량이 클수록 관성도 크므로 속도를 변화시키는 데에 더 많은 힘이 작용하기 때문이다. 물체에 힘을 가하면 속도는 변화되며, 가속도(속도의 변화율)와 주어진 힘의 세기는 비례한다. 즉, 힘-가속도 관계의 비례상수를 '관성 질량'이라 하며, 가해진 힘의 방향과는 관계없이 일정하다. 이를 뉴턴은 공식 $F=ma$로 나타냈다.

F: 힘(force), m: 질량(mass), a: 가속도(acceleration)
[그림 6.4] 힘과 가속도의 관계

3) 작용-반작용의 법칙

제3법칙은 작용-반작용의 법칙이다. [그림 6.5]에서 알 수 있듯이 물체 A가 물체 B에게 힘(작용)을 가하면, 물체 B 역시 물체 A에게 동일한 크기의 힘(반작용)을 가한다. 이때 물체 A가 물체 B에 주는 작용과 물체 B가 물체 A에 주는 반작용의 크기는 같으며, 그 방향은 반대이다. 이와 같은 현상은 생활 속에서도 쉽게 접할 수 있는데, 수영 선수가 수영장의 벽을 발로 밀치면 몸이 앞으로 빠르게 나아가는 경우가 이에 해당한다. 벽을 발로 밀치는 힘(작용)과 수영장의 벽이 밀어내는 힘(반작용)의 크기는 동일하다.

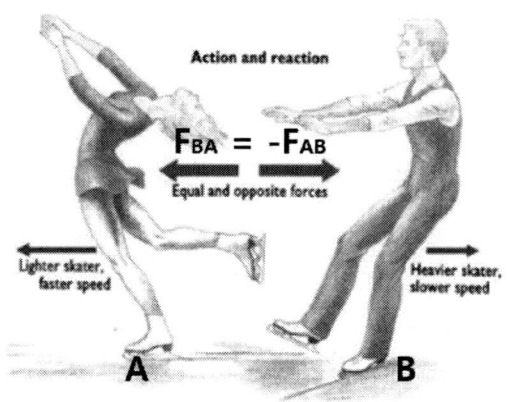

[그림 6.5] 작용-반작용 현상: F_{BA}는 B가 A에게 미치는 힘,
(F_{AB}는 A가 B에게 미치는 힘)

4) 만유인력의 법칙

뉴턴은 자신의 운동법칙 3가지를 근거로 하여 자연에서 발생하는 운동의 여러 현상을 만유인력의 법칙을 통해 체계적으로 다루었다. 그의 대표적인 업적인 만유인력의 법칙을 발견되기에는 케플러가 주장했던 행성에 관한 '3가지 법칙'이 그 근간을 이루고 있다. 지구 주위를 일정한 궤도 위에서 달이 회전하는 것처럼 태양 주위를 여러 행성들이 회전하는 것 그리고 나뭇가지에 매달린 사과가 땅을 향해 떨어지는 것은 '인력'이라는 힘의 작용 때문임을 깨닫고 이를 수학으로 완성시킨 것이었다. 그렇기 때문에 만유인력이 작용하는 방향은 두 물체가 서로 끌어당기는 쪽을 향하며, 그 크기는 물체의 종류나 물체와 물체 사이의 중간 매질과는 무관하다.

이러한 인력은 우주에 존재하는 질량이 있는 어느 물체에나 작용하며 서로 끌어당기므로 '만유인력(universal gravitation)'이라 한다. 두 물체의 질량이 클수록 그 세기는 증가하고, 두 물체 사이의 거리가 멀수록 그 세기는 감소하게 된다. 이를 식으로 표현하면, 다음([그림 6.6])과 같다.

이를 뉴턴의 사과와 지구의 관계에서 살펴보자. 이들 간에는 같은 크기의 인력이 작용하므로 항상 일정한 거리를 유지하면서 위치하고 있다. 하지만 사과는 언젠가 지구(지표면)로 떨어지게 된다. 사과와 지구 사이에는 동일한 인력이 작용하는데, 왜 사과는 지구를 향해 떨어지는 것일까? 질량이 클수록 관성이 크다는 것을 상기한다면, 답을 아는 데 도움이 될 것이다. 물체의 질량과 관성의 크기는 비례한다. 다시 말해서 지구의 질량이 사과의 질량보다 크므로 지구의 관성이 사과의 관성 보다 크다는 말이다. 동일한 인력이 작용할 때 관성이 적은 사과가 관성이 큰 지구를 향해 떨어지게 되며, 관성이 큰 지구는 제자리에 있으려고 한다.

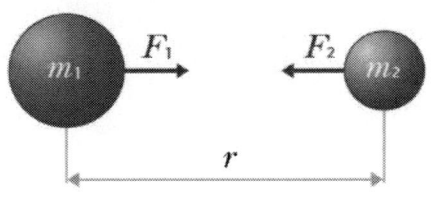

$$F_1 = F_2 = G\frac{m_1 \times m_2}{r^2}$$

(F_1, F_2: 두 물체 간의 중력의 크기, G: $6.673 \times 10^{-11} Nm^2 kg^{-2}$, m_1, m_2: 각 물체의 질량, r: 두 물체 간의 거리)

[그림 6.6] 만유인력의 측정 방법

하지만 모든 물체들에 작용하는 만유인력이 발생하는 원인에 대해서는 뉴턴이 밝히지 못했다.

2 로버트 훅의 과학: 세포의 발견

자연과학을 통해서 인류는 과거의 학문 성격에 비해 더 합리적, 보편적, 객관적 그리고 이성적일 수 있게 되었다. 과학 연구에 힘썼던 '근대 과학의 아버지'인 뉴턴은 자신의 연구 결과와 반대 의견을 주장하는 사람들 또는 자신의 주장을 비판하는 사람들에 대해서 유난히도 비이성적이고 비합리적으로 행동한 것으로도 알려져 있다.

갈릴레이가 죽던 해에 뉴턴이 태어났다면, 영국의 과학자 로버트 훅(Robert Hooke, 1635~1703)은 갈릴레이가 종교재판을 받아 종신 가택연금형을 받고, 죽기 7년 전 즈음에 태어났다.

[그림 6.7] 로버트 훅

훅의 저서들에 있는 그림들은 그가 직접 그린 것들인데, 이를 통해 우리는 그의 상당한 수준의 그림 실력을 엿볼 수 있다. 명석한 두뇌의 소유자인 훅은 16세의 나이로 옥스퍼드 대학교에 입학했고, 그는 이곳에서 '보일의 법칙'으로 유명한 화학자 보일(Robert Boyle)의 제자가 되어 그와 함께 일하면서 기체의 성질에 대해 연구할 기회도 얻었다.

빛의 간섭과 분산을 파동설로 증명한 '빛의 파동설'의 선구자이기도 한 그는 천체에 관한 연구 중 특히 목성의 회전 및 목성의 대적점, 그리고 탄성에 관한 훅의 법칙 등을 발표할 정도로 다재다능한 인물이었다. 그림 그리기에 탁월한 재능이 있었던 그는 주변의 여러 대상들을 현미경으로 관찰하고, 그 구조를 상세하게 기록한 「미세기하(Micrographia)」를 출간했다. 출간 후 훅은 영국 왕립학회의 회장직을 역임하는 동안 더욱 자신의 입지를 굳히게 되었다.

그의 이론들은 거의 옳은 것으로 판명되었다. 하지만 자신의 업적이 동시대를 살았던 뉴턴에 의해 가려졌기에 훅은 뉴턴에게 언제나 비판적이었다고 한다. 나이 들어 쇠약해진 훅은 심혈관 질환이나 당뇨병으로 고통의 날들을 보냈으며, 질병으로 인해 힘겨운 삶을 살았다. 이후 훅의 뒤를 이어 영국 왕립학회의 회장직에 오르자 뉴턴이 가장 먼저 한 일은 훅의 과학적 업적을 철저하게 짓밟고, 훅의 이름으로 쓰인 논문이나 원고 그리고 훅의 초상화까지도 모두 불에 태우는 것이었다.

1) 세포의 발견

훅이 직접 설계하고 제작한 현미경은 현재의 광학 현미경과 비교해도 손색이 없을 정도이다. 당시 현미경 제작 기술 수준으로 인하여 관찰 대상의 색이나 모양이 일그러지는 문제가 발생하게 되자 그는 조리개를 만들어 주변의 빛을 조정했고, 어둡게 보이는 것을 해결하기 위해 물이 담긴 플라스크를 이용하여 램프의 빛을 모았다. 개량 현미경으로 여러 가지 광물, 동물과 식물을 관찰하던 중 그는 1665년 오크나무 껍질인 코르크를 처음 보았다. 벌집 모양 같았던 코르크는 마치 당시 수도사들이 기도하는 작은 방(라틴어 'cellae')과 같아서 이를 '세포(cell)'라 불렀다.

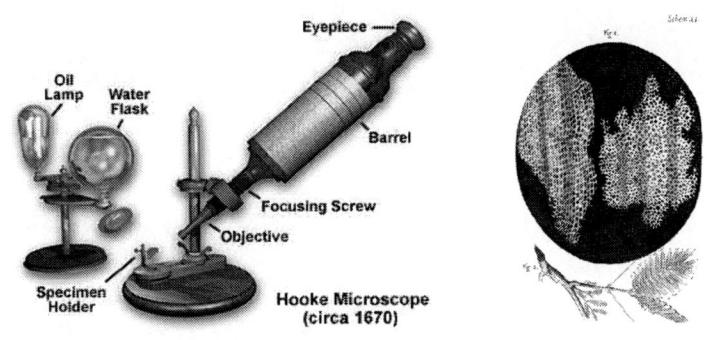

[그림 6.8] 훅이 고안해 낸 현미경(우)과 그가 직접 그린 세포의 그림(우)

훅의 세포 발견은 세포생물학 분야가 열린 계기가 되었다. 이후 1673년 네덜란드의 레벤후크(Anton van Leeuwenhoek, 1632~1723)는 당시 사람들이 인식하지 못했던 세균과 원생생물을 관찰했고, 1830년대에는 슐라이덴(Matthias Schleiden, 1804~1881)과 슈반(Theodor Schwann, 1810~1882)은 '세포는 구조와 기능의 단위', 즉 생물학의 가장 기본 입자라 결론지었다. 모든 생물은 하나 또는 그 이상의 세포로 구성되고, 세포는 모든 생명의 근본 단위라는 '세포설(cell theory)'이 확립될 수 있었다.

2) 목성의 대적점 발견

태양계에 속한 행성들은 물리적 성질에 따라 크게 두 종류, 지구형 행성과 목성형 행성으로 구분 짓는다. 지구형 행성에는 수성, 금성, 지구, 화성이, 그리고 목성형 행성에는 목성, 토성, 천왕성, 해왕성이 해당한다. 전자를 '고체형 행성', 후자를 '기체형 행성'이라고도 하는데, 그 명칭에서 알 수 있듯이 지구형 행성은 목성형 행성에 비해 밀도가 크고 단단한 표면을 가지고 있는 반면에, 목성형 행성은 밀도가 아주 낮고 기체로 이루어졌다. 따라서 목성형 행성들은 차등자전을 보인다. 차등자전은 표면이 고체가 아닌 천체에서 흔히 관찰되는 현상으로서 목성형 행성들의 자전주기가 적도에서 극지방으로 갈수록 길어진다는 것이다.

[그림 6.9] 태양계의 8행성

태양계 행성들 중에서 가장 큰 목성은 차등자전으로 인해 대기층에서 항상 하강 또는 상승기류로부터 강력한 폭풍이 일고 있다. 그 색깔 때문에 '대적점(great red spot)'이라 불리는 소용돌이 폭풍이 있는데, 그 폭이 14,000km, 길이가 40,000km로 지구의 3~4배 정도로 큰 것도 있다. 1664년 훅은 이 대적점을 처음으로 발견했다.

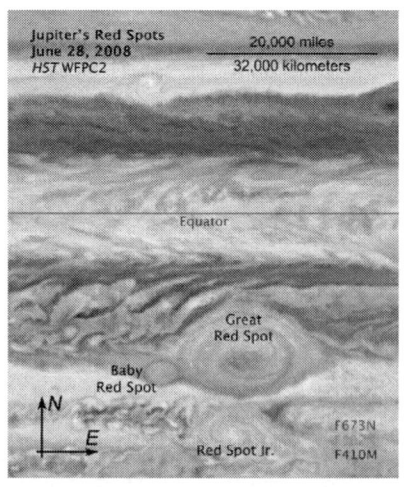

[그림 6.10] 목성의 대적점

3) 훅의 법칙

'용수철의 늘어나는 길이(x)는 용수철을 당기는 힘의 크기(F)에 비례한다'는 훅의 법칙은 고체 역학의 기본 법칙 중 하나로서 탄성체인 용수철 뿐 아니라 다른 종류의 변형 실험에서도 성립된다. 따라서 물체에 작용하는 힘(F)과 힘에 의해 생기는 변형(x)은 탄성 한계 내에서는 비례한다. 이때 힘의 한계를 '비례 한계'라 하고, 이 한계 안에서 힘과 변형량과의 비를 그 변형에 대한 '탄성률'이라고 한다. 이들의 관계는 다음 식으로 표현할 수 있다([그림 6.11]).

$F = kx$ (k: 힘의 상수, x: 늘어난 길이)

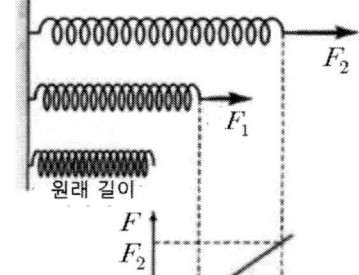

[그림 6.11] 훅의 법칙

물체(탄성체)에 작용하는 힘이 너무 커지면 물체가 본래의 모양으로 되돌아갈 수가 없으므로 이러한 경우 훅의 법칙은 적용되기 어렵다. 따라서 훅의 법칙은 탄성체에 가해지는 힘에 의한 변형이 너무 크지 않을 경우에 성립하는 법칙이다.

4) 역제곱 법칙

당시만 해도 과학자들 사이에는 행성들이 어떻게 일정 궤도를 회전하는가에 대한 문제가 최대 관심거리였다. 이 문제 해결책의 시발점은 훅에게서 시작되었다. 훅은 중력 측정 장치를 제작하여 1662년부터 오랜 기간 동안 행성의 공전 궤도에 대한 연구를 수행하였는데, 그 결과 '모든 물체에는 중력이 작용하며, 그 중력으로 인하여 행성이 궤도 위에서 움직일 수 있다'는 결론에 도달했다. 이는 천체의 운동이 역학적 문제라는 의미이므로 훅은 천체의 운동이 '역제곱 법칙(inverse square law)'에 따른다고 생각했다.

역제곱 법칙이란 '어떤 힘이나 세기가 거리의 제곱에 반비례한다'는 내용으로써 중력을 받는 두 물체 사이의 거리가 가까워질수록 중력의 세기는 더욱 커진다는 것이다. 이는 공전 궤도의 중심에 위치한 태양이 각 행성들을 강한 인력으로 끌어당길 것이며, 동시에 훅은 한 행성이 일정한 궤도 위를 회전하기 위해서는 행성이 직선으로 이동하려는 힘과 그 행성을 태양 쪽으로 끌어당기려는 힘의 합이라 생각했다. 하지만 이를 수학적으로 표현해 내지는 못했다. 훅은 인력 개념을 떠올렸지만 어디에나 존재하는 중력 개념으로 발전시키지는 못했기 때문이다. 뉴턴의 도움이 필요했던 것이다. 두 사람 사이에 몇 차례의 서신 교환을 통하여 '역제곱 법칙'의 결론에 도달할 수 있었다. 역제곱 법칙은 '어떤 단위 요소를 둘러싸고 있는 장(field)의 크기(F)와 물체(m)로부터의 거리(r)의 제곱 간의 반비례 관계'의 내용을 담고 있으며, 이는 다음의 식으로 나타낼 수 있다.

$$F = \frac{km}{r^2}$$ (k: 만유인력 상수, m: 질량, r: 거리)

3 플램스티드의 과학: 그리니치 천문대

영국 출신의 천문학자 플램스티드(John Flamsteed, 1646~1719)는 캠브리지 대학교에서 공부를 마친 후 왕에게 천문대 설립을 건의했고, 이어서 새롭게 설립된 천문대의 책임자가 되었다. 왕실의 승인을 받은 최초의 왕립천문학자가 되었던 그가 설립을 건의했던 천문대는 바로 그리니치 언덕에 세워진 그리니치 천문대(Greenwich Observatory)이다.

[그림 6.12] 플램스티드

플램스티드는 뉴턴과 악연을 맺게 되는 또 다른 인물이기도 하다. 평소 자신과 의견이 다른 학자들과 사이가 좋지 않다는 악명이 높았던 뉴턴은 대표적 저서인 「프린키피아」를 출간한 후 명성을 얻게 되었고, 훅의 뒤를 이어 영국 왕립협회 회장으로 선임되었을 뿐 아니라 최초로 작위를 받은 과학자가 되었다. 사실 뉴턴은 집필하는 동안 천문 관측 자료가 필요했었기에 플램스티드에게 자료의 일부를 달라고 요청했고, 그는 대부분의 자료를 뉴턴에게 건네주었다. 하지만 그 후로도 더 이상을 요구한 뉴턴의 제안을 플램스티드는 받아들일 수 없어서 뉴턴이 원하는 자료들을 내어주지 않았다. 이런 플램스티드의 행동에 대해 뉴턴은 어떠한 변명도 받아들이려고 하지 않았다. 그러자 뉴턴은 플램스티드가 소속해 있는 왕립천문대 이사로 자신을 임명해서 플램스티드에게서 자료를 빼앗았다.

[그림 6.13] 그리니치 천문대

평소 플램스티드와 천문학자인 핼리(Edmond Halley, 1656~1742)는 몹시 불편한 사이였다. 이 사실을 잘 알고 있었던 뉴턴은 자신에게 늘 호의적이었던 핼리에게 플램스티드에게서 압류해 온 관측 자료 전부를 건네주며 출간하도록 조치했다. 이에 질세라 플램스티드도 뉴턴의 압류 사실을 법원에 소송제기를 함으로써 뉴턴에게 빼앗겼던 연구 자료의 출간을 금지하는 법원의 판결을 얻어냈다. 그러자 이에 격노한 뉴턴은 「프린키피아」에서 플램스티드에 대한 언급을 모조리 삭제했다고 한다.

1690년 플램스티드는 자신이 발견한 행성을 항성으로 착각하고 '황소자리 34번'이라고 이름 붙였다. 황소자리 34번은 오늘날 우리가 잘 알고 있는 행성 천왕성이다. 따라서 천왕성 발견의 영예는 독일의 천문학자 허셜(William Herschel, 1738~1822)에게로 넘어가게 되었다.

일생 동안 뉴턴이 호의적이었던 한 과학자가 있었다. 그가 바로 '핼리 혜성'을 발견한 핼리이다. 1675년 당시 왕립 천문대장 플램스티드의 조수가 된 핼리(Edmond Halley, 1656~1742)는 이듬해 수성의 태양면 통과를 관측한 후 태양계의 크기를 계산해 낼 수 있었다. 또한 핼리는 남반구의 별들을 관측했던 자료들을 토대로 「남반구 천체 목록」을 출판하기도 했는데, 이는 최초로 남반구에서 관측 가능한 별들에 대한 정확한 목록이었기에 플램스티드는 핼리를 '남쪽의 티코'라 부를 정도였다.

달 관측에도 많은 시간을 할애했던 핼리는 뉴턴과의 몇 차례 토론을 거쳐 뉴턴이 저서를 집필할 때 운동법칙을 설명하기 위해 사용했던 수학 계산상의 실수를 고쳐주었고, 뉴턴의 법칙을 확고하게 하는 기하학적 공식들을 제공해 주기도 했다. 또한 핼리는 뉴턴의 대표 저서인 「프린키피아」를 출판할 수 있도록 편집부터 출판비용에 이르기까지 모든 과정에 깊이 관여했다.

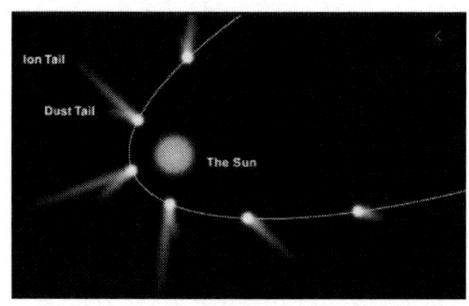

[그림 6.14] 혜성의 궤도 운동

그의 나이 63세 즈음 플램스티드의 뒤를 이어 그리니치 천문대장이 되었으며, 달의 주기를 관측하면서 시간을 보냈다. 뿐만 아니라 1531, 1607, 1682년에 관측된 혜성은 동일한 것으로 판단한 핼리는 이 혜성이 1758년에 다시 관측될 수 있다고 예측했으며, 혜성 궤도에 관한 그의 연구는 여러 사람들의 관심을 받기는 했지만, 당시에는 다들 핼리의 주장을 믿지는 않았다. 하지만 그가 세상을 떠난 지 15년 후, 그의 예측대로 1758년 말~1759년 3월에 혜성이 근일점을 통과하자 사람들은 핼리를 기념하기 위해서 '핼리 혜성'이라고 이름 지었다.

7장.
전기를 쓰게된 역사의 과학

1 유리병 속의 전기: 축전기 원리

고대 그리스인들은 소나무에서 흘러나온 송진(松津) 등이 땅속에 파묻혀서 수소, 산소 및 탄소 등과 결합하여 고형화 된 호박(琥珀, amber)을 귀한 보석으로 여겼다. 그런데 호박을 헝겊으로 닦으면 닦을수록 먼지나 머리카락 등이 더 잘 달라붙는 것을 발견하게 되었다. '정전기(static electricity)' 유도 현상을 발견한 것이었다.

고대 철학자 탈레스는 자철석이 철을 끌어당길 뿐 아니라 철을 자철석에 마찰시키면 서로 끌어당긴다는 사실을 알아냈다. 이는 정전기가 호박에서만 발생하는 것이 아니라는 의미이다. 이와 같이 물체를 마찰하여 형성된 전기는 발생된 곳에만 작용하는 정지상태의 전기라는 의미에서 '정전기'라 하며, 마찰 후 그대로 두면 점점 사라지게 된다.

'전하(electric charge)'는 전기를 가지는 가장 작은 입자를 가리키는 단위이다. 양성자의 양전하(+)와 전자(electron)의 음전하(-)와 같이 서로 다른 극성을 지닌 두 전하 사이에는 인력이 작용하며, 이 작은 입자들의 움직임으로 인해 전기가 발생하게 된다.

1700년대 중반까지만 해도 과학자들은 모든 전기 실험을 할 때 마찰을 이용해서 발생한 전기를 이용하였다. 이를 '마찰전기'라고 한다. 이는 실험에 필요한 충분한 양의 전기를 일정하게 공급하기 어려웠다. 전기발생 장치를 이용하여 전기를 만들었다 하더라도 저장해 두었다가 사용하기는 불가능했다.

18세기 과학자들은 전기 관련 실험에 필요한 양의 전기를 보관해 둘 수 있는 방법이 절실히 필요했다. 당시 대부분의 사람들은 전기가 '유체(流體)'라고 여겼기 때문에 그릇에 담아 모을 수 있을 것이라 판단했으며, 이러한 생각은 네덜란드의 뮈스헨브루크(Pieter van Musschenbroek, 1692~1761)와 독일의 클라이스트(Ewald Georg von Kleist,

1700~1748)에게서 시작되었다. 그들이 각자 독자적으로 고안해 낸 '병(jar)'은 전기를 저장해 두었다가 필요할 때에 사용할 수 있는 일종의 축전기(capacitor) 원리라는 점에서 동일하다.

후에 프랑스의 물리학자인 놀레(Jean Nollet, 1700~1770)는 이를 개량하여 '라이덴병(leyden jar)'이라 명명했다. 사실 비슷한 시기에 뮈스헨브루크와 클라이스트가 각자 동일한 원리와 구조를 지닌 전기 저장장치를 발명했기 때문에 이에 대한 우선권 논란이 많았는데, 클라이스트의 출신 대학 이름과 뮈스헨브루크의 고향 이름을 근거로 '라이덴병'이라 명명하게 되었다고 전한다. 라이덴병이 발명되자 수많은 과학자들이 이를 이용하여 전기 실험을 하게 되면서부터 전기에 대한 다양한 연구의 발전이 이루어졌다.

라이덴병의 원리는 다음과 같다([그림 7.1]). 주석(朱錫, tin)으로 된 얇은 금속판을 유리병의 안쪽과 바깥쪽에 각각 붙인다. 그런 다음 절연체로 된 유리병 마개의 중심을 통과시켜 유리병 안쪽으로 넣은 금속 막대 끝에 사슬을 달아 유리병의 밑면과 접촉시킨다. 그리고 유리병 마개 위에 있는 금속 막대 끝부분에 금속판을 연결하여 전기를 띤 외부 물체와 접촉한다. 이때 전기는 유리병 안쪽에 있는 주석판을 따라 퍼지게 되면서 양전하(+ 전기)가 저장된다. 그 결과 정전기 유도에 의하여 유리병 바깥쪽에 있는 주석판에 음전하(- 전기)가 형성되므로 유리병 안쪽에 저장된 양전하는 그 안에 그대로 머무르게 된다. 즉 유리병을 사이에 두고 형성된 유리병 안쪽의 양전하와 유리병 바깥쪽의 음전하는 서로 인력에 의하여 병에 저장되는 것이다.

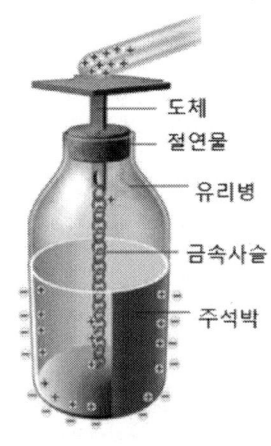

[그림 7.1] 라이덴병의 구조

따라서 많은 양의 전기를 저장하고 싶다면 유리병의 안쪽과 바깥쪽에 위치한 주석판의 넓이를 넓게 하고, 두 주석판 사이의 거리를 가깝게 유지해 주면 된다. 반대로 유리병의 전기를 없애고 싶다면, 유리병 마개 위 금속과 유리병 바깥쪽 주석판을 구리나 철사로 연결하여 전류가 흐르게 하면 곧바로 전하는 사라지게 된다. 이는 현재 전자기기의 부품으로 사용하는 축전기에 전기가 저장되는 원리이기도 하다.

2 갈바니의 과학: 동물전기

이탈리아 과학자인 갈바니(Luigi Galvani, 1737~1798)는 의학을 공부한 후 해부학 교수로 재직하던 중 평소 허약하던 아내에게 보신을 위하여 개구리 요리를 만들어 주기로 했다. 준비한 개구리를 금속으로 된 쟁반 위에 담고 개구리의 다리를 자르려고 칼을 가까이 대는 순간 갈바니는 놀랄 만한 광경을 목격하였다. 죽은 개구리가 마치 살아있는 것처럼 개구리의 근육이 움찔하며 수축하면서 경련하는 것이었다. 당시 그는 대학에서 동물신경에 관한 연구를 하고 있었기에 죽은 개구리의 움직임이 예사롭지 않게 느껴졌다.

[그림 7.2] 갈바니

이와 같은 현상의 원인을 규명하기 위하여 갈바니는 다양한 방법으로 여러 실험을 시도한 결과, 죽은 개구리 근육의 움직임은 전기와 관련된 것이라 판단했다. 아마도 금속에 접촉되면 개구리 뇌에서 발생한 약한 전류가 개구리 몸 밖으로 나오는 것 같았다. 그는 동물전기가 뇌신경을 통해 근육으로 전달된 것이라 결론짓고, 이를 '동물전기

(bioelectricity)'라 불렀다(1786). 다시 말해서 동물의 근육을 금속으로 건드리거나 접촉할 때 발생하는 에너지를 동물전기라고 한 것이었다.

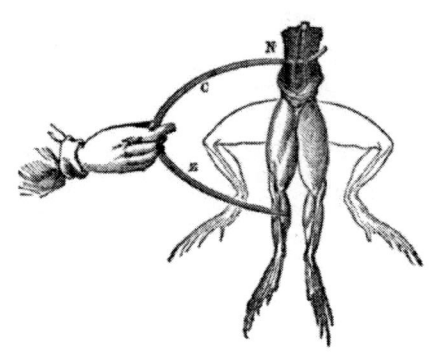

[그림 7.3] 두 종류의 금속을 개구리의 근육에 접촉한 실험 모습

갈바니는 '생물전기'라고도 하는 동물전기에 관한 현상을 정리하여 논문「근육의 운동에 관한 전기 작용에 대한 고찰」을 발표했다. 이에 따르면, 동물전기는 동물의 근육이 지니는 생명의 기운이므로 두 종류의 다른 금속(쟁반과 칼날)을 근육에 접촉하면 신경에 전달되어 동물전기가 발생한다는 것이다. 이는 생물의 체액은 전해질과 같은 다양한 염류가 용해되어 있어서 소량의 전기 발생이 가능하기 때문이다.

당시 과학자들은 라이덴병이나 피뢰침의 원리를 통하여 전기의 존재를 알고 있었다. 그렇기 때문에 동물전기는 갈바니의 이름과 함께 유럽 전역에 알려지게 되었다. 이를 계기로 물이 묻은 두 종류 이상의 금속이 전류액(물)을 통해 전기를 발생하는 효과를 '갈바니즘(Galvanism)'이라 불렀고, '전류계(galvanometer)'라는 장치에서 갈바니의 이름이 사용된 것을 보면 갈바니의 유명세를 충분히 짐작해 볼 수 있다.

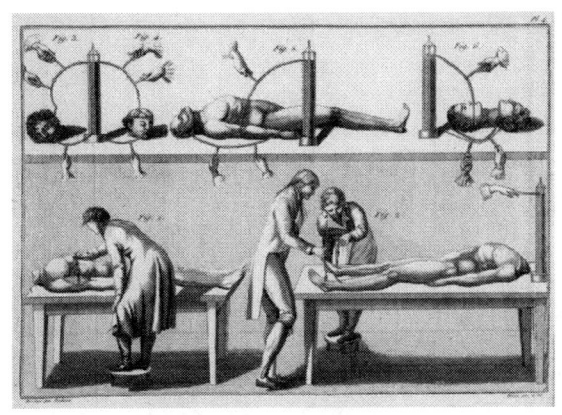

[그림 7.4] 동물전기 원리를 이용한 알디니의 실험 모습

갈바니의 동물전기는 이후 이탈리아 과학자 볼타(Alessandro Volta, 1745~1827)에 의해 상당 부분 수정되었다. 볼타와 의견을 같이하는 과학자들의 비판을 받는 동물전기에 관해 입증하고자 독특한 실험을 시행한 인물은 갈바니의 조카 알디니(Giovanni Aldini, 1762~1834)였다. 당시 교수형을 당한 시신이 알디니의 실험 재료가 되었기 때문이다. 그가 동물전기 실험을 위해 시신의 얼굴에 전기 충격을 가하자 시신의 한쪽 눈이 번쩍 뜨이기도 하고, 턱이 벌어지기도 하며 전기충격을 가한 부위의 근육이 비틀리기도 했다. 마치 시신이 살아나는 것처럼 움직였다. 평소 알디니는 정신질환에 시달리는 환자의 뇌에 전기 자극을 가해서 치료에 성공한 바 있었으므로 죽은 사람에게도 동일한 자극을 가하면 살려낼 수 있는지 알고 싶었던 것이다.

3 볼타의 과학: 화학전지

갈바니의 실험 내용과 동물전기에 대한 소식을 전해들은 이탈리아 과학자 볼타는 갈바니의 실험에서 쉽게 이해하기 어려운 사실 하나를 발견했다. 개구리 실험에 따르면, '금속이 개구리 근육에 접촉될 때, 개구리 근육에서 전기가 발생한다'는 것이었다. 볼타는 동물 근육의 움직임이 '동물전기'라 단정 짓는 갈바니의 실험에 쉽사리 동의할 수 없었던 것이다. 그리하여 볼타는 갈바니가 시도했던 것과 동일한 실험을 여러 차례 반복했다. 갈바니의 실험과 같은 결과였지만, 볼타의 해석은 달랐다. 갈바니가 '동물전기'라고 여겼던 것은 동물에서 발생하는 전기가 아니라 두 종류의 금속 사이에서 일어나는 현상을 단지 개구리 다리의 근육과 수분이 매개했다는 판단이 더 타당하다는 결론에 도달했다.

[그림 7.5] 볼타

볼타의 실험 결과에 의하면, 개구리 다리 근육에 발생했던 전류는 서로 다른 두 종류의 금속으로 인하여 전기가 발생한다는 의미이다. 그후 동일한 실험을 거듭하여 연구한 결과, 볼타는 영국왕립학회에 실험 결과를 기록한 논문을 보고함과 동시에 전지를 발명하게 되자 '볼타전지'가 세상 사람들에게 알려지게 된 것이다. 이로 인하여 볼타와 함께 볼타전지는 유럽 최고의 관심거리가 되었으며, 학회는 그에게 '코플리 메달(Copley Medal)'을 수여하였다. 뿐만 아니라 당시 나폴레옹(Napoléon Bonaparte, 1769~1821)의 파리 초대를 받은 볼타는 백작의 신분과 연금을 받게 되었다. 오늘날 전압의 측정 단위인 '볼트(Volt)'에서 볼타의 발명이 얼마나 획기적이었는지 짐작해 볼 수 있다.

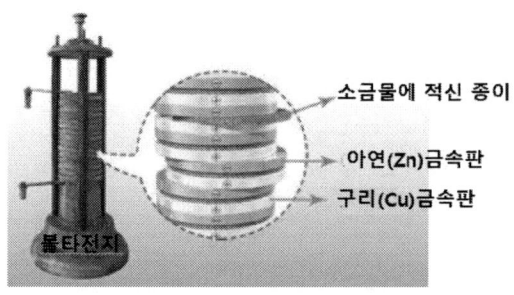

[그림 7.6] 볼타전지의 모습

볼타의 볼타전지 원리는 다음과 같다. 서로 다른 두 종류의 금속 아연(Zinc)과 구리(Copper) 사이에 소금물(NaCl)이나 묽은 황산(H_2SO_4)과 같은 전해질 수용액이 묻은 헝겊 조각을 끼워 넣은 것을 반복적으로 하여 겹치도록 쌓아올린다([그림 7.6]). 그런 다음에 금속을 쌓아올린 더미의 양 끝부분에 전선을 연결하면 전류가 흐르게 된다. 오늘날 화학 분야에서는 전류의 흐름을 알 수 있는 비교적 간단한 실험이지만, 전기란 순간적으로 사라져 버린다는 인식이 지배적이었던 당시에 볼타전지는 대단한 발견이었다.

사실 볼타의 실험은 황산 용액에 담긴 아연과 구리 사이에 전류가 흐르는 원리인 금속의 이온화 경향(ionization tendency)[10]을 이용한 것이다. 그 원리는 다음과 같다([그림 7.7]). 아연은 구리에 비하여 이온화 경향이 크기 때문에 아연 금속을 이루는 전자들은 아연에서 구리로 이동하게 된다. 그 결과 아연 금속은 아연 이온(Zn^{2+})이 되고, 구리 금속 표면에서는 아연으로부터 이동해 온 전자로 인하여 황산수용액의 수소 이온(H^+)은 수소(H)가 되어 수소기체(H_2) 상태로 발생하게 된다. 이때 전자를 내보내는 금속 아연은 음극(anode)이 되고, 전자를 받은 금속 구리는 양극(cathode)가 된다. 이를 '볼타전지' 또는 '화학전지'라고 한다.

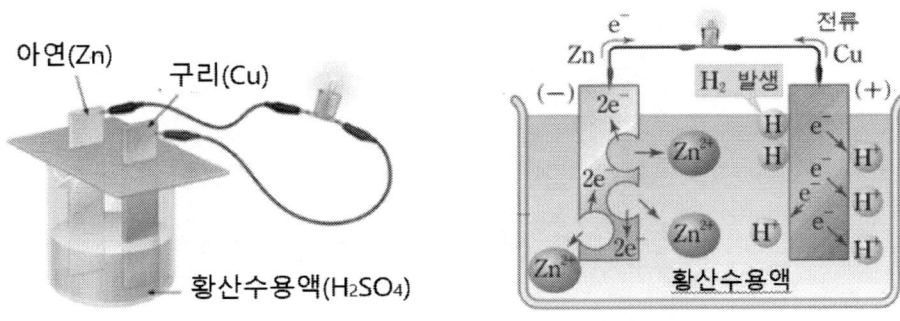

[그림 7.7] 화학전지의 원리: 실험장치(좌), 모식도(우)

---

10) 액체에 담긴 금속의 경우 양이온이 되고자 하는 경향을 말하는데, 그 순서는 K > Ca > Na > Mg > Zn > Fe > Co > Pb > H > Cu > Hg > Ag > Au 이다. 이때 전자는 음극에서 양극 쪽으로 이동하게 된다.

위의 과정을 화학식으로 전개하면 다음과 같다.

음극: $Zn \rightarrow Zn^{2+} + 2e^-$ ------- 전자수의 감소(산화반응[11])

양극: $2H^+ + 2e^- \rightarrow H_2(\uparrow)$ --- 전자수의 증가(환원반응)

18~19세기 전기 분야 발전의 속도에 박차를 가할 수 있도록 불씨를 당긴 인물은 갈바니이다. 그의 동물전지 발견을 전지화학으로 발전시킨 인물은 볼타이다. 한 인물은 획기적 발견으로 세상의 이목을 끌었던 반면, 다른 한 인물은 획기적 발견에 대한 정확한 해석으로 세상을 밝혔다. 갈바니의 '동물전기' 개념이 동일한 실험을 행했던 볼타에게 행운을 가져다 준 셈이 된 것이다.

4 외르스테드와 앙페르의 과학: 전류와 자기장

1) 전류의 자기장 유도 현상

[그림 7.8] 외르스테드(좌), 앙페르(우)

덴마크의 과학자 외르스테드(Hans Christian Ørsted, 1777~1851)는 강의 준비를 위한 실험을 하기 위하여 볼타전지와 도선 그리고 나침반을 설치한 후, 볼타전지의 양극과 음극을 잇는 전선에 전류를 흘려보냈다. 그리고 전류가 흐르는 전선 가까이에 우연히 나침반이 있었다. 그는 강한 전류가 흐르는 전선 주위의 나침반 바늘이 갑자기 움직이

---

[11] 산화(oxidation)은 한 물질이 산소를 얻거나 전자(electron, - 전하) 또는 수소를 잃는 반응을 말한다. 환원(reduction)은 이와 반대 현상이다.

는 것을 발견하고 이를 신기하게 여겼다.

전선에 전류가 흐르자 나침반의 바늘이 전선의 방향과 수직을 이루며 회전하더니 실험 이전과는 다른 방향을 가리키고 있었다. 전류가 흐르는 전선 주위에서 나침반의 바늘이 움직이는 기이한 광경을 목격한 그는 전선의 방향을 바꾸어 재차 시도해 보았다. 그러자 나침반의 바늘은 또 다시 다른 방향을 향하는 것이었다. 외르스테드는 나침반의 바늘이 전선에 흐르는 전류의 방향에 따라서 움직이는 것을 확인할 수 있었다. 이는 두 물질 사이에 작용하는 인력이나 척력에 의한 것이 아니라 전류에서 발생하는 힘이 나침반 바늘의 방향을 바꾼다는 것을 의미한다.

나침반의 바늘은 자기력에 의하여 그 방향을 가리킨다. 나침반 바늘이 양전하나 음전하의 영향을 받는 것이 아니라 전류에 의해 형성되는 자기력의 영향을 받는다는 해석이 가능한 것이다. 바로 '전류가 자기를 유도한다'는 말이다. 그는 자석만이 자기장을 형성하는 것이 아니라 전류도 자기장을 형성한다는 점을 발견하여 '외르스테드 법칙'으로 증명해 내었다. 전자기학의 단초를 제공한 기막힌 실험이었다. 당시 전기와 자기는 서로 독립적인 분야로 인식되었던 터라 외르스테드의 실험은 전기와 자기 분야를 하나로 통합하는 위대한 계기가 될 수 있었다.

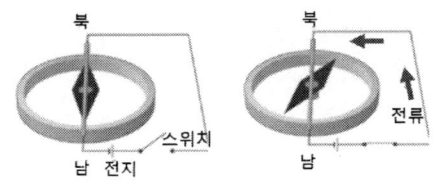

[그림 7.9] 외르스테드의 실험: 전류가 자기를 유도한다.

2) 앙페르 법칙

프랑스 과학자 앙페르(André Marie Ampère, 1775~1836)는 과학 아카데미 회원과 프랑스의 고등교육 기관의 교수로 활동하던 중 덴마크의 외르스테드가 발견한 '전류가 자기를 유도한다'는 내용을 전해 들었다. 이에 앙페르는 외르스테드의 실험을 재현하기로 마음 먹었다. 외르스테드가 '전류는 자기를 유도한다'는 초보적 발견에 이어 이렇다 할 연구의 진전을 보이지 않고 있던 사이에 앙페르는 동일한 실험을 다양하게 반복하였다.

그는 전류가 흐르는 도선 주위에 형성되는 자기장(magnetic field)의 방향과 전류와 자기장의 세기에 작용하는 힘의 크기 간의 관계에 대한 연구를 거듭한 결과 '전류의 방향은 자기력의 형성 방향과 관련된다'는 사실을 발견하게 되었다. 다시 말해서 '전류는 자기장을 유도하며, 이때 유도된 자기장의 방향은 전류의 방향에 의해 결정된다'는 것이다. 자기장의 방향이란 자기력의 영향이 미치는 공간 안에 있는 나침반의 바늘 중 N극이 받는 힘의 방향을 말하며, 자기장 내 나침반의 N극이 가리키는 방향을 그대로 따라 그려보면 '자기력선'이 존재함을 알 수 있다. 이후 앙페르는 전류와 자기장의 관계를 수학적으로 정리하여 '앙페르 법칙(Ampere's Law)'을 발표하였고, 오늘날에도 사용되는 전류의 단위 '암페어(A)'는 그의 이름에서 유래되었다.

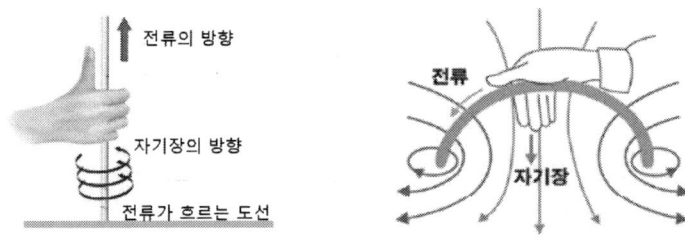

[그림 7.10] 전류가 흐르는 도선 주변에 형성된 자기장의 방향

5 패러데이와 맥스웰의 과학: 전자기장

1) 유도전류

[그림 7.11] 험프리 데이비(좌), 마이클 패러데이(우)

가난한 환경에서 자라서 정규교육을 전혀 받지 못한 패러데이(Michael Faraday, 1791~1867)는 어린 시절 돈벌이를 위해 제본소 수습공으로 일했다. 그 곳에서 그는 당시 유명한 학자들이 쓴 글들을 실로 꿰매어 책으로 만들어내는 일을 담당했다. 패러데이는 제본해야 할 과학 서적을 읽고, 그 내용에 따라 간단한 실험 정도는 혼자서 시도해 보기도 했다. 패러데이가 20세가 되던 해 유명한 과학자 데이비(Humphry Davy, 1778~1829)의 공개 강의를 들은 후 그의 실험실 조수로 일할 기회를 얻게 되었다. 패러데이와 마찬가지로 데이비도 어린 시절 생계를 위하여 약제사의 조수가 되면서부터 화학 분야에 관심을 갖게 되었던 것이 과학자로서의 발판이 될 수 있었기 때문이었다.

외르스테드의 '전류가 자기력을 유도한다'는 발견과 앙페르의 '전류에서 유도된 자기장의 방향은 전류의 방향에 의해 결정된다'는 발표가 활발하게 이어지던 당시, 패러데이는 전기와 자기의 상호작용을 연구하는 전자기학에 대한 연구, 즉 자기력에서 전기가 형성될 수 있는지에 대한 연구에 착수했다. 패러데이는 전류가 흐르는 도선 주위에 자기력이 형성된다면, 반대로 강한 자기력 주위에 솔레노이드(solenoid, 도선을 원통형 모양으로 촘촘하고 균일하게 감은 기기)를 가까이 두면 전류를 얻을 수 있을 것이라 예측했다.

그는 [그림 7.12]와 같은 실험을 구상하였다. 전지를 연결하지 않은 회로에서는 전류가 흐르지 않기 때문에 이에 연결된 검류계의 바늘은 '0(zero)'을 가리킨다. 이때 전지에 연결하지 않은 원형 모양의 도선(코일)에 자석을 가까이 가져갔다 아래로 뺐다를 반복하는 동안 전류가 흐르는 것을 확인하였다. 전지에 연결하지 않은 채 자석을 도선 속으로 이동시킨 것이 전부인데, 검류계의 바늘이 움직였다. 이는 자기장과의 상호작용에 의해 도선에 전류가 생겨나는 전자기 유도(electromagnetic induction)현상이며, 전자기 유도에 의해 생긴 전류를 '유도전류(induced current)'라 한다.

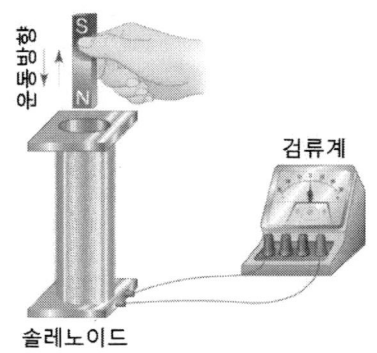

[그림 7.12] 강한 자기력에 의한 전류의 형성

　나아가서 도선 부근 자기장의 증가나 감소 등의 변화가 있을 때에만 전류가 유도된다는 것도 발견하였는데, 전자기 유도 현상에서 자석을 가까이 하지 않아서 자기장이 형성되지 않거나 자기장이 일정하게 지속되는 경우에는 도선에 전류가 흐르지 않았다. 이것이 바로 '패러데이의 전자기 유도법칙(Faraday's Law of Induction)'이며, 이때 유도 기전력(induced electromotive force)은 도선을 지나는 시간당 자속(magnetic flux, 자기력 선의 수 또는 자기력선속)의 변화율과 도선의 감은 횟수에 비례한다.

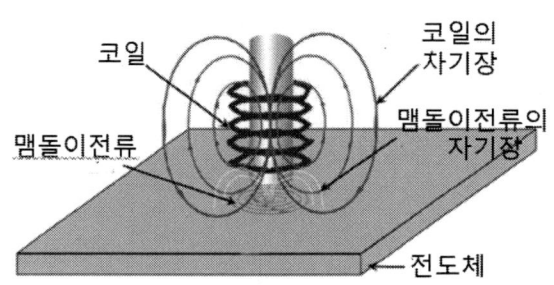

[그림 7.13] 맴돌이전류의 형성

　사람이 드나들 수 있는 통로처럼 생긴 금속 탐지기는 전자기 유도 현상을 이용한 대표적인 예이기도 하다. 금속 탐지기에 일정량의 전류가 흐르도록 설치한 후 자기장을 발생시키게 되는 원리인 것이다. 금속 탐지기를 통과하는 사람이 몸에 금속을 소지할 경우, 자기장의 적은 변화가 일어나게 되며, 자기장의 변화는 유도전류를 발생하게 만든다. 이와 같이 도체를 통과하는 자기장이 시간에 따라 변화할 때 도체에는 유도전류가 발생하게 되는데, 이를 '맴돌이전류(Eddy current, 와전류)'라 한다. 생활 속에서 사용되는 전열기구인 인덕션도 동일한 원리로 작동되는 것이다.

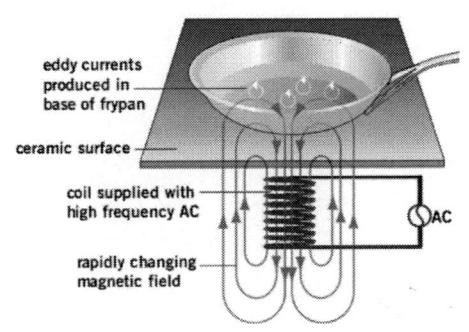

[그림 7.14] 전자기 유도현상을 이용한 인덕션

그 후 수많은 발견과 발명을 통하여 자신의 이론을 발표한 패러데이의 위업들 중 기억해야 하는 것은 바로 자기장을 전기로 변화시키는 것이다. 패러데이는 '전기와 자기가 본질적으로 하나의 현상'이라는 것을 입증하였고, 나아가서 물리학의 한 분야인 '전자기장(electromagnetic field)'의 무대를 열어준 셈이었다. 정규 교육조차 제대로 받지 못한 제본소의 수습공이 전기의 대중화라는 기적과 같은 일은 해낸 것이었다. 그럼에도 불구하고 그는 주변에서 권유하는 특허권 제의도 모두 거절했는데, 이는 단지 많은 사람들이 그의 발견과 발명의 혜택을 누리길 원했기 때문이다. 하물며 왕실에서 수여하겠다는 기사 작위도, 나라에서 하사한 초호화 저택도 모두 거절했다.

당시 과학자들은 패러데이의 전자기 유도법칙을 응용하여 전류가 지속적으로 생산될 수 있는 발전기를 제작하려는 데에 많은 관심을 갖게 되었고, 계속되는 개량을 거듭함으로써 '전기의 시대'를 밝힐 수 있었던 것이다.

2) 전자기장

[그림 7.15] 맥스웰

20세기 물리학에 가장 큰 영향을 미친 19세기 물리학의 핵심 인물이 영국의 이론 물리학자이자 수학자인 맥스웰(James Clerk Maxwell, 1831~1879)이라는 데에 이견이 없을 듯하다. 뉴턴이나 아인슈타인의 명성만큼이나 익숙하게 알려져 있지 않는다 하더라도 맥스웰은 전기와 자기를 하나의 힘으로 통합한 것으로 유명하다. 그는 패러데이의 전자기 관련 이론을 기초로 하여 전기장과 자기장의 관계를 표현하는 '맥스웰 방정식(Maxwell's equations)'으로 정리하였다. 즉 패러데이의 '장(field)' 개념이 맥스웰의 '전자기장' 이론이라는 새 모습으로 탄생하게 된 것이다.

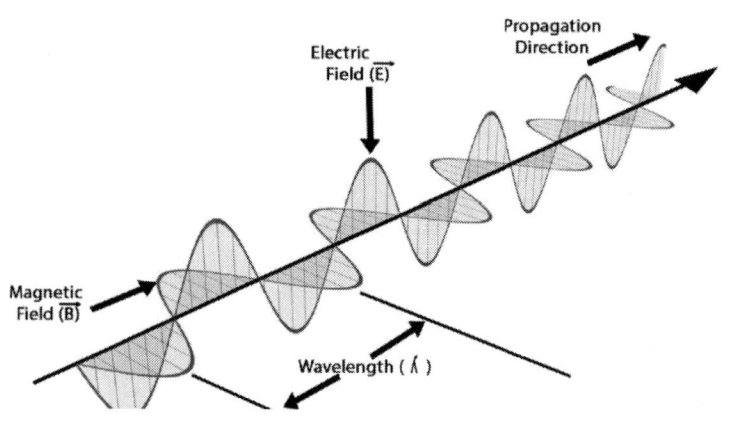

[그림 7.16] 전자기파의 형성

나아가서 이를 토대로 파동 방정식을 유도했는데, 맥스웰은 빛이 전기와 자기에 의한 파동인 '전자기파'라는 것을 통해서 '빛도 전자기파의 일부'라는 것과 이론적으로 '전자기파의 속도가 빛의 속도와 동일하다'는 것을 밝힘으로써 아인슈타인(Albert Einstein, 1879~1955)의 유명한 상대성이론의 토대가 될 수 있었다.

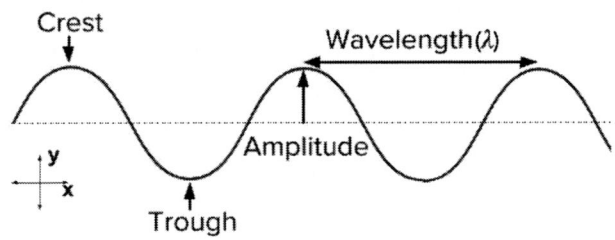

[그림 7.17] 파동: 파장과 진폭

패러데이의 법칙에 따르면, '자기장의 변화는 전기장의 변화를 유도'하며, 맥스웰 방정식에 따르면 '전기장의 변화는 자기장의 변화를 유도'한다. 이와 같이 주기적으로 변화하는 전기장과 자기장은 서로를 유도하면서 공간으로 퍼져 나가는데, 이를 '전자기파(electromagnetic wave)'라고 한다. '전자파(electron wave)'라고도 하며, 이는 전기장과 자기장이 시간에 따라 변할 때 발생하는 파동이다.

전자기파는 매질이 없는 진공 속에서도 이곳에서 저곳으로 이동이 가능하고, 진공에서의 전자기파의 전파 속도는 $3 \times 10^8 m/s$로서 빛의 속도와 동일하다. 전자기파의 대표적인 예로는 빛, 적외선, 자외선 그리고 마이크로파 등이 해당된다.

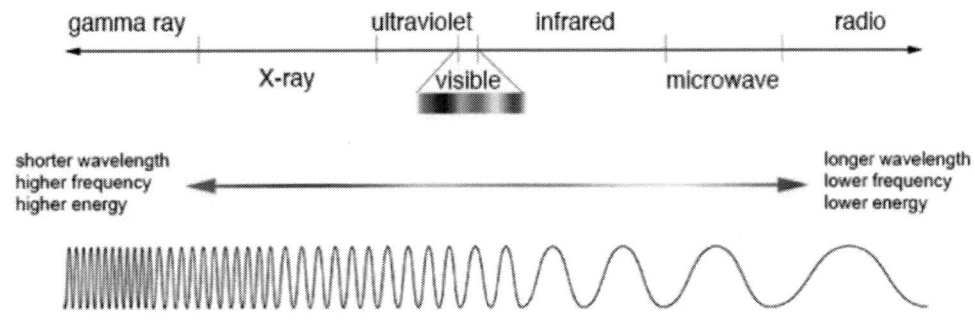

[그림 7.18] 전자기파의 종류

6 전자기파: 빛의 성질

사실 빛의 성질에 관한 연구, 즉 빛이 입자성을 지니는지 또는 파동성을 지니는지에 관한 연구는 아마도 인류 역사상 가장 해묵은 논쟁이라고 해도 과언은 아닐 것이다. 빛을 '불연속적인 작은 알갱이의 흐름'으로 설명했었던 빛의 '입자성'이란 빛이 어느 물질에 충돌하면 충돌된 물질을 움직이게 하는 운동에너지를 지닌다는 것을 의미한다. 반면, 빛을 '연속적인 파동'이라 여겼던 빛의 '파동성'이란 빛 에너지가 물결의 파장과 같은 굴곡을 형성하고 있다는 것이다. 수 세기 동안 대립되는 빛의 성질로 인하여 수많은 학자들은 각기 다른 의견을 주장하였는데, 빛에 대한 본격적인 연구가 수행되었던 17~18세기에는 뉴턴의 영향력에 힘 입어 빛의 입자성이 더 입지를 굳히는 경향이 강했다.

하지만 18~19세기에 들어서 프레넬과 영(Tomas Young, 1773~1829)의 빛의 파동성에 관련된 실험을 통해서 빛의 파동성이 중론을 형성하게 될 뿐 아니라 맥스웰의 '빛과 전자기파는 본질적으로 같은 것'이라는 주장까지 합세하게 되었다. 20세기에는 플랑크(Max Karl Ludwig Planck, 1858~1947), 아인슈타인(Albert Einstein, 1879~1955) 그리고 콤프턴(Arthur Holly Compton, 1892~1962) 등은 빛의 입자성을 제기하는 실험 결과에 도달함으로써 빛의 파동성은 다시 그 자리를 빛의 입자성에 내어주게 되었다.

이와 같이 빛의 대립되는 성질에 대한 의견이 엎치락 뒤치락 하는 시기를 거쳐서 이후 빛은 파동성 뿐만 아니라 입자성 둘 다 지니고 있다는 빛의 '이중성'이란 결론에 이르렀다.

1) 빛의 입자성

(1) 빛의 반사

빛의 입자성으로 설명할 수 있는 대표적인 현상은 바로 빛의 반사와 굴절 현상이다. 빛은 한 매질을 만날 때, 매질에 부딪혀 되돌아오는 성질을 빛의 '반사'라 한다. 매질의 물리적 성질이 달라지는 경계면에서 반사와 투과를 하는 빛은 어떤 경우에도 완전 반사나 완전 투과는 일어나지 않고 반사와 투과 두 현상은 항상 동시에 발생하게 된다.

빛이 어느 한 물질에서 다른 물질로 진행할 때 경계면에서 진행 방향이 꺾이는 현상을 빛의 '굴절'이라 한다. 이는 새로운 매질 쪽으로 투과하면서 진행 방향이 바뀌는 현상으로서 매질의 빽빽한 정도에 따라 빛의 속도가 달라지기 때문이다. 단단한 물질일수록 굴절률이 커지는데, 이때 빛의 속도는 더 느려지게 된다. 굴절률이 큰 매질로부터 작은 매질로 빛이 진행할 때 입사되어 굴절된 빛이 새 매질로 나아가지 못하고 반사되는 현상인 '전반사(total reflection)'가 발생하기도 한다.

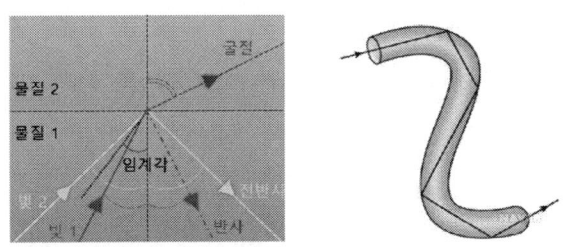

[그림 7.19] 빛의 전반사(좌)와 전반사 원리를 이용한 광섬유(우)

(2) 광전효과

입자성과 파동성을 고려한다 하더라도 과학자들은 빛이 또 다른 성질을 가지고 있다는 것이 밝혀졌다. 그 중심에는 '광전효과(photoelectric effect)'에 관한 실험이 자리하고 있다. 광전효과란 빛(전자기파)을 금속 표면에 비추었을 때 전자가 튀어나오는 현상을 말하며, 이때 튀어 나오는 전자를 '광전자(photoelectron)'라 한다. 이는 빛 에너지가 전기에너지의 형태로 전환된 것을 의미한다. 이때 주로 나트륨과 같은 알칼리 금속들을 사용하는데, 이는 낮은 에너지의 가시광선으로도 광전효과를 쉽게 얻을 수 있기 때문이다.

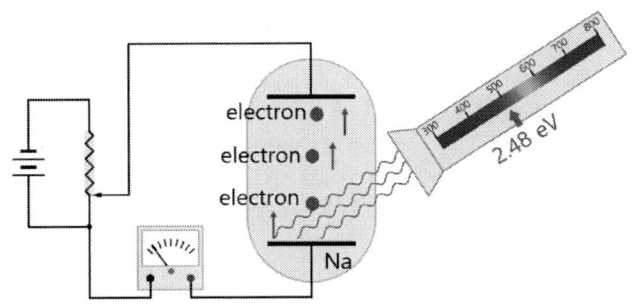

[그림 7.20] 광전효과 실험 모식도

광전효과에 대한 연구는 19세기 후반 러시아의 과학자 스톨레토프(Aleksandr Stoletov, 1839~1896)에게서 본격적으로 시작되었다. 그는 기체에 비추어 준 전자기파의 세기와 광전효과의 결과로 흐르게 되는 전류가 서로 비례한다는 것을 발견했다. 이를 광전효과의 제1법칙(스톨레토프의 법칙)이라 한다. 그렇지만 기체에 전자기파를 비추었을 때 방출되는 것이 무엇인지 알지는 못했다.

전자기파를 비추면 기체나 금속 표면에서 전자가 튀어온다는 것을 발견한 인물은 톰슨이었다. 그는 전자기파가 원자의 진동을 유발하고, 정해진 한계 이상의 전자기파를 비추면 원자의 소립자가 튀어나온다고 주장했다.

이후 레나르트(Philipp von Lenard, 1862~1947)는 비추어 준 빛의 진동수가 증가할수록 튀어나오는 전자의 에너지가 증가한다는 것을 발견했다. 전자기파의 진동수가 증가한다는 것은 파장이 짧고 에너지가 높다는 것을 의미한다. 레나르트에 의하면, 빛의 세기가 아닌 빛의 진동수에 따라 튀어나오는 전자(광전자)의 에너지가 달라진다는 것이다. 하지만 당시 광전자의 에너지는 빛의 세기에 따라 광전자의 에너지가 달라진다는 의견이 지배적이었다.

광전효과를 설명하기 위해 아인슈타인은 빛을 '에너지를 가지고 있는 입자'라 가정하고, 이를 '광양자(light quantum, 광자)'라고 불렀다. 그는 빛이 불연속적인 에너지를 가지는 입자라고 생각한 것이다. 이런 견해를 가시광선에 적용해 본다면, 푸른빛은 높은 에너지를 가진 입자들의 흐름이고, 붉은빛은 적은 에너지를 가진 입자들의 흐름이 된다.

전자기파를 금속 표면에 비추었을 때, 금속 표면에서 튀어나오는 전자는 광양자와의 충돌에 의한 것이다. 이는 높은 에너지의 광양자가 전자를 튀어나오게 할 수 있지만, 적은 에너지의 광양자는 전자를 튀어나오게 할 수 없다는 의미이다. 다시 말해서 진동수가 작은 전자기파를 금속 표면에 강하게 비추어준다 하더라도 전자는 튀어나오지 않을 뿐 아니라 같은 진동수를 가진 전자기파를 비추어 주면 튀어나오는 전자의 에너지도 같다는 것이다. 따라서 특정한 에너지를 갖는 전자기파를 금속 표면에 비추었을 때, 전자기파가 가진 에너지에서 금속에 결합되어 있던 전자를 튀어나오게 하는 데 필요한 에너지(일함수, work function)를 뺀 에너지에 해당되는 정도의 운동에너지를 갖고 전자가 금속 표면으로 부터 튀어나온다. 광양자설로 광전효과를 성공적으로 설명한 아인슈타인은 노벨 물리학상을 수상하게 되었다.

빛의 파동성을 고려해서 광전효과의 결과를 예측해보자. 빛은 파동이므로 짧은 파장일수록 에너지는 더 증가한다. 긴 파장의 빛을 많이 비추어 준다면, 빛의 양의 증가로 인해 파동은 중첩되어 에너지가 증가할 것이다. 그 결과 금속 표면에서 튀어나오는 전자의 수와 전자의 운동에너지도 증가하게 될 것이다. 하지만 긴 파장의 빛을 강하게 비추어주었을 때, 전자는 튀어나오지 않았다. 이는 금속 표면에서 전자가 튀어나올 수 있게 하는 한계 파장(한계 진동수, threshold frequency), 즉 전자가 금속에서 튀어나올 때 필요한 최소한의 에너지가 있다는 의미이다.

2) 빛의 파동성

(1) 빛의 회절

프랑스 물리학자 프레넬(Augustin Jean Fresnel, 1788~1827)은 빛의 파동성에 확신을 갖고 일련의 실험을 진행하였으며, 빛의 입자성으로 설명하기 힘든 빛의 '회절(diffraction)' 현상을 파동성으로 설명한 논문을 작성하면서 회절 현상을 깔끔하게 해결했다. 하지만 당시만 하더라도 빛의 입자성에 대한 의견이 보편적인 탓에 그의 회절 실험을 통한 빛의 파동성은 주변 과학자들에게 쉽사리 받아들여지지 않았다.

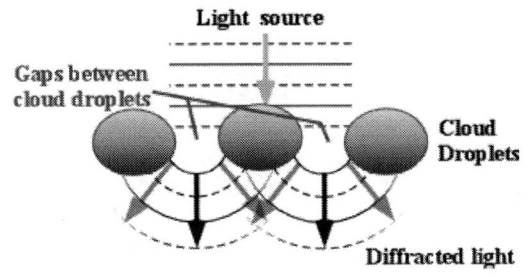

[그림 7.21] 빛의 회절

회절이란 빛의 파동성으로 설명되는 대표적 현상이기도 하다. [그림 7.21]에 의하면, 장애물(물방울, cloud droplets)을 만났을 때 빛의 파동이 장애물 뒤쪽으로 굽어 돌아 들어가는 현상(diffracted light)을 말한다. 이는 빛의 입자성으로는 설명하기 어려운 현상이며, 만일 이와 같은 상황을 빛의 입자성으로 설명하려고 한다면, 빛의 알갱이는 장애물의 틈을 지나서 직진한다는 특성을 감안해야만 한다. 따라서 빛이 장애물의 틈을 지나서 직선으로 나아갈 뿐 아니라 장애물 뒤쪽으로 굽어 돌아 들어가는 현상까지 모두 기술해내기 위해서는 입자가 아닌 파동으로 설명이 가능하다는 것을 알 수 있다. 이때 빛의 회절 정도는 장애물의 틈의 크기와 파장의 길이에 의해 결정되는데, 장애물 틈(slit)의 크기가 작을수록 그리고 파장이 길수록 회절현상은 더욱 선명해진다([그림 7.22]).

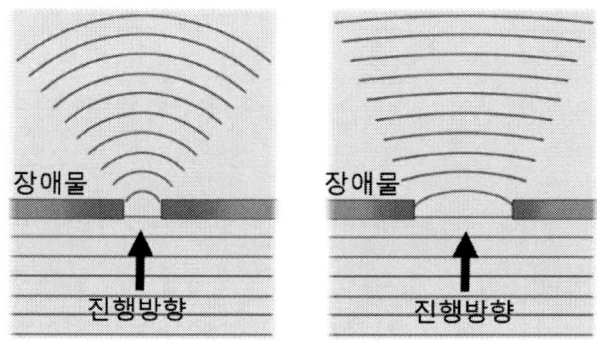

[그림 7.22] 수면파의 회절 현상: 슬릿 간격이 작음(좌), 슬릿 간격이 큼(우)

한때 아리스토텔레스에 의해 제기되었던 빛의 파동성은 빛을 소리(음파)와 마찬가지로 '탄성파(elastic wave)'라고 판단했다. 탄성파란 탄성 매질이 필요한 파동을 의미하는데, 공기를 매질로 하는 소리나 물을 매질로 하는 물결파 등이 이에 해당하며, 이때 탄성 매질은 교란 상태의 변화에 의해 에너지를 전달하게 된다. 따라서 당시 탄성파라고 여겼던 빛은 매질을 필요로 했으며, 이 매질은 에테르라고 생각했기에 에테르라는 물질의 존재를 설명하는 데에 또 다른 커다란 어려움이 뒤따랐던 것이다. 이는 후에 맥스웰에 의해 '빛이 전자기파'라는 이론이 확립되면서 빛은 매질과 무관하게 전달되는 비탄성파이므로 매질의 존재가 불필요하다는 사실이 입증되었다. 그 후 아인슈타인이 발표한 광양자가설을 통해 '빛은 입자와 파동의 성질을 동시에 가지고 있다'는 개념이 자리하게 되었다.

(2) 빛의 간섭

영국의 물리학자 토마스 영(Thomas Young, 1773~1829)은 감각생리학에 관한 연구를 하던 중 소리와 빛에 관한 실험에 흥미를 느끼게 되었다. 빛의 파동성에 관한 이론을 수립하고자 했던 그는 당시 뉴턴의 영향으로 인하여 지배적이었던 빛의 입자성을 겨냥하여 빛의 파동성을 증명할 수 있는 확실한 근거들을 찾아내야만 했다. 빛의 파동성에 관련된 그의 대표적인 업적 중 하나인 '이중 슬릿(double slit)' 실험은 빛의 '간섭(interference)' 현상을 확인함으로써 파동성을 우위에 놓게 되는 중대한 계기가 되었다.

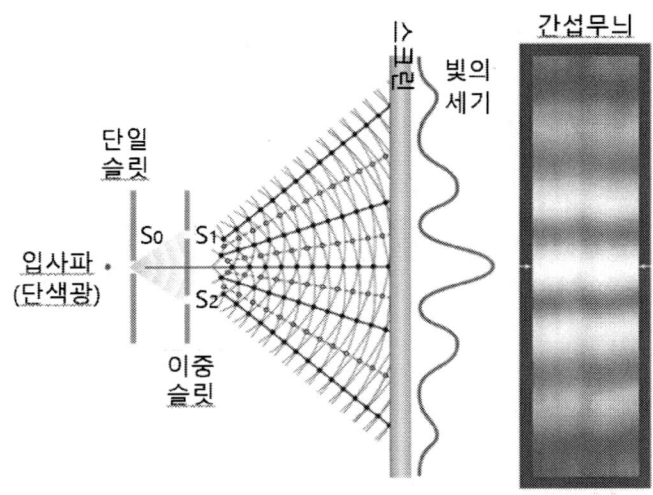

[그림 7.23] 토마스 영의 이중 슬릿 실험: 빛의 간섭

토마스 영이 고안한 실험을 도식화한 [그림 7.23]에 따르면, 빛(입사파)이 단일 슬릿 S_0를 통과할 때 회절 현상을 나타내면서 이중 슬릿 S_1과 S_2에 도달하게 된다. 이때 S_0-S_1과 S_0-S_2의 거리는 같으므로 이중 슬릿에 도달한 빛의 파동은 동일하며, 단일 슬릿 S_0를 통과할 때와 마찬가지로 S_1과 S_2를 통과한 빛도 회절 현상을 나타내게 된다. S_1과 S_2를 통과한 빛은 서로 중첩하게 되는데, 이를 '빛의 간섭'이라 한다. 간섭이 발생하게 된 위치에 따라 동일한 파동 위상을 지닌 경우에는 파동이 보강되는 반면, 반대의 경우에는 파동이 상쇄된다. 이를 각각 '보강 간섭'과 '상쇄 간섭'이라 한다([그림 7.24]).

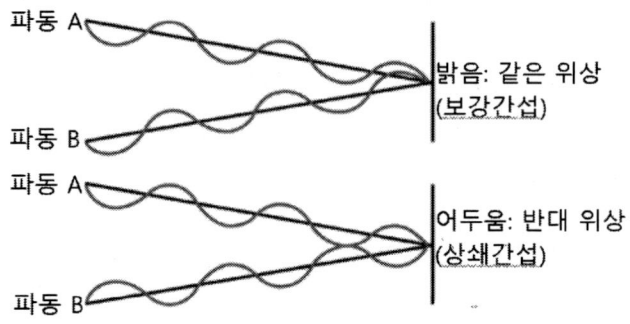

[그림 7.24] 빛의 간섭: 보강과 상쇄

 이와 같은 두 종류의 간섭은 스크린에 비친 모습으로 확인 가능하며, 보강 간섭에서는 밝은 빛을, 상쇄 간섭에서는 상대적으로 어두운 빛을 관찰할 수 있다. 하지만 만일 빛이 불연속적인 알갱이로 이루어진 '입자'라면 스크린에는 빛의 일정한 밝기의 무늬가 나타날 것이다. 따라서 토마스 영의 실험은 '빛의 파동성'을 입증하는 명확하고도 대표적인 예이다. 이후 그의 빛의 파동성에 관한 연구는 계속되었고, 프레넬과 파동설에 관한 연구 내용을 서신으로 교환하기도 했다.

8장.
보이지 않는 세상의 과학

1 생물의 발생

자연발생설(abiogenesis)은 '생물은 무기물에서 자연적으로 생겨나는 것'이라는 내용을 담고 있는데, 약 2천 년 전에 아리스토텔레스가 주장한 이론이기도 하다. 고대 그리스 과학자인 아낙시만드로스는 '축축한 진흙에 햇빛이 비칠 때 생물은 우연히 발생한다'고 생각했다. 여러 과학자들은 이를 증명하기 위한 몇 가지 실험을 행하였고, '무기물에서 생명이 탄생한다'는 결론에 도달하면서 이런 견해는 대중들에게도 확산되었다. 자연발생설에 의하면 '생물은 어버이가 없이도 생길 수 있으므로 생물이 무생물로부터 태어난다'는 말이다.

[그림 8.1] 레디

이후 자연발생설은 16~17세기부터 논란을 불러일으키게 되었고, 이를 둘러싼 많은 논쟁은 끊이질 않았다. 18세기 중엽까지도 자연발생설은 대부분의 학자들에게서 수용되는 듯하다가 19세기 프랑스의 과학자 파스퇴르(Louis Pasteur, 1822~1895)의 백조목 플라스크(swan neck flask) 실험을 기점으로 자연발생설은 그 자리를 생물속생설(biogenesis)에게 넘겨주고 사라지게 되었다.

1) 레디의 실험: 대조구 설치

이탈리아의 생물학자인 레디(Francesco Redi, 1626~1697)는 일련의 실험을 통하여 당시 생물의 기원에 대한 지배적 이론이었던 자연발생설의 오류를 입증한 과학자로 잘 알려져 있다. 그가 구상한 실험은 최초의 '대조구 설치'라는 점에서도 그 의의가 크다. 자연과학의 실험을 수행할 때 대조구를 설치한다는 것은 과학자가 세운 가설을 검증하기 위하여 실험을 수행하지 않은 상태를 그대로 유지하면서 실험 조건을 통제한 실험구와 대조해 보기 위함이다. 이는 실험의 객관성을 입증할 수 있는 기준을 마련한다는 의미를 갖는다. 만일 대조구를 설치하지 않는다면, 실험구만으로 실험에서 측정된 결과가 우연히 발생한 요인에 의한 결과인지 아니면 다른 기타 요인에 의한 결과인지를 정확히 해석하는 데 어려움이 따르게 된다. 레디는 자신이 세운 가설을 위하여 '대조구'와 '실험구'를 모두 설치했다.

[그림 8.2]에서 알 수 있듯이 레디는 입구가 넓은 병 두 개를 마련해서 그 안에 각각 고깃덩이를 넣은 후 병 하나는 마개를 덮지 않고 열어놓은 상태로 둔 반면, 다른 하나는 마개를 덮어 병을 밀봉하였다. 며칠 후 그는 마개를 덮어 둔 병 안쪽의 고깃덩이에서는 어떠한 변화도 발견할 수 없었지만, 마개를 덮지 않고 열어놓은 병 안쪽의 고깃덩이에서는 구더기와 파리가 생긴 사실을 발견하였다. 이를 근거로 레디는 구더기와 파리 등 곤충류의 자연발생설을 부정하였으며, '생물은 반드시 생물에서만 발생한다'는 생물속생설을 발표하기에 이르렀다. 이는 자연발생설을 부정하는 최초의 실험(1668)이기도 하다.

 병에 마개를 하지 않았다. 파리가 발생하였다.   병에 마개를 했다. 파리가 발생하지 않았다.

[그림 8.2] 레디의 실험: 대조구(좌), 처리구(우)

2) 레벤후크의 실험: 미생물 발견

[그림 8.3] 레벤후크

네덜란드 과학자 레벤후크(Anton van Leeuwenhoek, 1632~1723)는 어린 시절 정규교육 과정을 제대로 마치지 못하고, 단지 기초 수준의 수학과 물리학을 배울 수 있었다. 그는 생계를 위하여 옷감 판매점에서 일했는데, 옷감의 질을 세밀하게 살피고자 배율을 확대한 현미경을 제작했다. 주변의 모든 것들을 현미경으로 관찰하고 싶었던 레벤후크에게 렌즈를 통해 바라본 세상은 무척 신기하기만 했다.

어느 날 레벤후크는 연못의 물을 현미경으로 관찰하던 중 빠르게 움직이는 생물체들을 눈여겨 보았으며, 이를 작은 동물이라고 생각해서 '미생물(animalcules)'이라고 이름 지었다. 이는 레벤후크가 현미경을 통해 미생물을 발견한 최초의 사건이었다. 그때까지 어느 누구도 미생물이 존재할 것이라고는 생각지도 못했다.

당시 레디의 실험은 병마개를 막음으로써 파리가 고깃덩이에 알을 낳지 못하여 구더기가 발생하지 않는다는 '생물속생설'을 증명한 것이기는 하지만, 레디는 기생충과 같이 작은 생물들은 자연적으로 발생한다고 생각했다. 이에 대해 레벤후크는 레디의 실험에서 파리나 구더기는 발생되지 않았으나 현미경을 통해 미생물은 발견되었으므로 미생물과 같은 '단순한 생물은 우연히 생긴다'는 자연발생설을 주장하였다.

사실 현미경은 망원경보다 먼저 발명되었지만, 망원경을 이용한 연구에 비해 현미경을 이용한 이렇다 할 성과는 별로 없었다. 1608년 리퍼세이(Hans Lippershey)가 발명한 초보적 수준의 망원경은 이듬해 갈릴레이에 의해 배율이 향상되자마자 천체 관측에 사용되면서 천문학의 눈부신 발전에 커다란 보탬이 되었다. 반면에 현미경은 초보적 수준에서 발생되는 기술적 결함이 쉽게 개선되지 못하면서 현미경을 이용한 연구에 많은 어려움이 나타났는데, 현미경의 렌즈로 비치는 사물의 모양과 색이 실물과 많이 달랐던 것이다. 이러한 점을 감안한 레벤후크는 배율을 높임으로써 자신의 현미경을 과학 연구에 적극적으로 활용했다.

[그림 8.4] 레벤후크가 개량한 현미경

레벤후크는 미생물이라 이름 지은 작은 동물을 현미경으로 관찰한 결과를 영국 왕립학회에 보냈는데, 이를 기점으로 그는 학자로서 인정을 받을 수 있었다. 이후 곰팡이, 머리카락, 기생충 등의 수많은 미세한 것들을 대상으로 레벤후크의 관찰과 연구는 지속되었다.

뿐만 아니라 그는 자신의 정액 속에서 정자를 관찰한 결과, 정자론적 전성설(前成說)의 입장을 주장하기도 했다. 레벤후크는 평생 현미경을 이용하여 수많은 관찰과 연구에 전념하였으나 아쉽게도 단 한 권의 저서도 남기지 않았다. 자신이 제작했던 현미경들을 왕립학회에 기증했으나 현미경 제작하는 방법을 공개하지는 않았다.

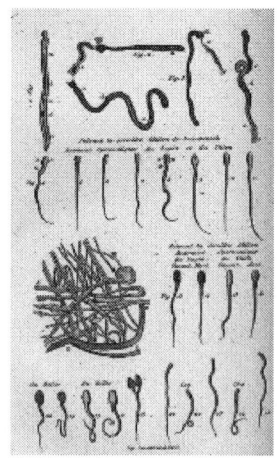

[그림 8.5] 현미경으로 정자를 관찰한 그림

3) 스팔란차니의 실험: 자연발생설 반증

레디의 실험 결과 자연발생설은 생물속생설에 의해 부정되었으나, 니담(John Needham, 1713~1781)은 '눈에 보이지 않는 미생물은 무생물로부터 생겨난다'는 자연발생설을 주장하기 위하여 실험을 고안하였다. 니담은 플라스크에 담은 고기즙을 가열해서 마개를 밀봉한 채 며칠 동안 보관한 후, 현미경을 통해 플라스크에 담긴 고기즙을 살펴보았다. 고기즙에서 미생물을 발견하게 된 그는 '미생물은 무생물로부터 생겨난다'는 결론에 도달하게 되었다(1745). 그도 그럴 것이 당시 대부분의 사람들은 생명체에 열을 가하면 죽는다고 여겼으므로 니담은 고기즙을 가열한 후 다른 생명체의 출입을 막기 위하여 마개로 밀봉한다면 자연발생의 진위를 판단할 수 있을 것이라 생각했던 것이다.

자연발생설을 입증하기 위한 니담의 실험은 이후 이탈리아 과학자인 스팔란차니(Lazzaro Spallanzani, 1729-1799)에 의해 실험상의 오류가 제기되었다. 스팔란차니는 '인체의 소화 과정은 단순한 기계적 과정이 아니라 위장의 위산에 의한 화학작용'이라 주장했던 인물로도 유명하다. 그는 니담이 실험할 때 고기즙을 충분히 가열하여 끓이지 않았거나 플라스크와 같은 실험 도구가 소독되지 않은 상태에서 사용되었을 가능성을 제기했던 것이다. 또한 고기즙을 가열한 후 마개로 밀봉하는 과정에서 공기가 유입되면서 공기 중 미생물이 동반되었을 것이라 추정했다. 따라서 스팔란차니는 실험 과정에서 발생될 수 있는 일련의 문제점이 충분히 고려되지 않았던 니담의 실험을 정설로 받아들이기에는 다소 무리가 있다고 생각했다.

[그림 8.6] 스팔란차니

스팔란차니는 자연발생설의 오류를 증명하기 위한 실험을 설계하였다. 그는 준비한 플라스크에 끓인 고기즙을 넣고 밀봉한 후 플라스크 내부에 남아있을 공기를 제거하여 진공상태를 유지하였다. 며칠 후 스팔란차니는 니담의 실험 결과와 달리 플라스크에 담긴 고기즙에서 미생물이 발생하지 않는다는 결과를 얻을 수 있었다. 멸균된 상태에서 미생물이 발생할 수 없다는 것을 보여준 셈이 된 것이다. '생물은 자연적으로 발생하는 것이 아니다'라는 결론이다.

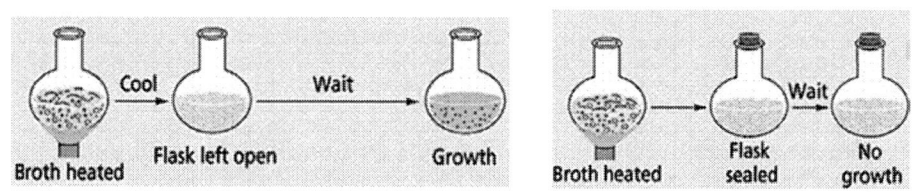

[그림 8.7] 스팔란차니의 실험: 가열 후 밀봉하지 않은 대조구(좌), 가열 후 밀봉한 처리구(우)

하지만 생물속생설을 입증했던 17세기의 레디와 18세기의 스팔란차니의 실험 결과에도 불구하고 자연발생설은 19세기 초까지도 대부분의 과학자들과 일반인들에 의해 정설로 여겨지고 있었다. 특히 니담은 스팔란차니의 실험 방법을 비판하였는데, '생물은 생물에서만 발생'하지만 '잠깐 끓이는 것으로는 죽지 않는 미생물도 있다'고 주장했던 것이다. 스팔란차니가 플라스크에 담긴 고기즙을 한 시간 이상 끓였기 때문에 고기즙이 지니고 있는 생명력이 파괴되었고, 이로 인하여 미생물이 발생하지 않았다는 것이 니담의 주장이었다.

2 파스퇴르의 과학: 생물속생설

프랑스 과학자 파스퇴르(Louis Pasteur, 1822~1895)는 포도주에 관한 연구에서 출발하여 발효 과정의 규명, 저온에서의 살균방법 및 생물속생설을 확립하는 데에 가장 큰 역할을 한 인물일 것이다. 그는 전염성 질병이 미생물에 의해 발생된다는 것을 밝힌 것으로도 유명하다.

[그림 8.8] 파스퇴르

1) 광학이성질체의 발견

파스퇴르는 어느 날 포도주를 저장하는 통에서 '타타르산(tartaric acid, 주석산)'과 '라세미산(racemic acid)'이라는 결정체를 발견하고서 이에 관하여 연구하기로 결심했다. 그도 그럴 것이 당시 손꼽히는 과학자들조차도 이 연구 과제에 대해서는 명쾌한 결론을 내리지 못하는 골칫거리였기 때문이다. 이 두 물질은 화학적 및 물리적 성질이 동일하였는데, 특히 맛조차도 동일했다. 하지만 용액 내에서 반응에는 차이를 보였다. 와인의 침전물에 다량 형성되는 타타르산은 '편광(polarized light)'[12]을 통과시켰을 때 빛이 우회전했지만, 라세미산은 빛을 회전시키지 않았다(광학적 비활성). 다시 말해서 이 두 물질의 편광에 대한 서로 다른 반응은 빛이 각 입자들을 통과하는 방식이 다르기 때문이라는 결론에 도달할 수 있었다. 이를 근거로 파스퇴르는 논문「광학 이성질체(optical isomer)」를 발표하게 되면서 입체 화학이라는 새로운 분야를 개척하게 된 셈이다.

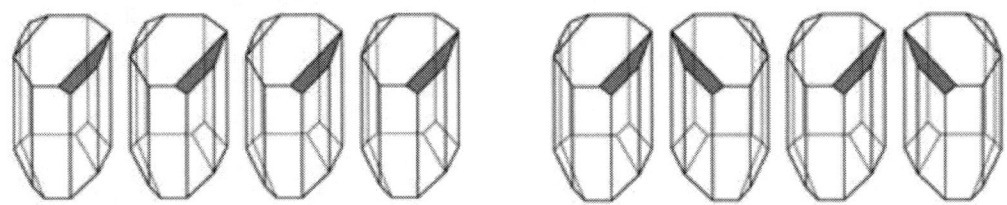

[그림 8.9] 타타르산(좌), 라세미산(우)

---

12) 진행방향에 수직한 임의의 평면에서 전기장의 방향이 일정한 빛을 말한다.

[그림 8.9]에 따르면, 타타르산의 결정들은 편광이 통과될 때 약간 휘어지면서 진행하는 반면, 라세미산의 결정들은 거울상으로 대칭된 상태로 혼합되어 있고 편광이 휘어지지 않는다. 이와 같이 분자식은 같으나 성질이 다른 화합물을 '이성질체(isomer)'라고 하며, 빛을 비추었을 때 이 물질을 통과한 빛의 방향이 반대가 되는 특성을 지닌 화합물을 '광학 이성질체' 또는 '거울상 이성질체'라 한다. 마치 거울에 비친 왼손과 오른손은 똑같아 보이지만 이들을 나란히 포개어 보면 겹쳐지지 않는 구조를 가진 물질을 말한다. 광학 이성질체는 자연계에도 존재하는 물질이며, 인공적으로 이들을 합성해 낼 수도 있다. 그렇지만 같은 화학구조를 지닌 광학 이성질체 중 하나는 치료용으로 긍정적인 효과가 있는 반면, 나머지 하나는 생명에 치명적일 수 있다. 그 대표적인 예가 바로 '탈리도마이드(Thalidomide)'이다.

[그림 8.10] 해표상지증이 있는 아이들의 모습

과거 1960년대 초반 유럽에서 임산부의 입덧을 완화시킬 목적으로 개발되었던 의약품인 탈리도마이드는 두 광학 이성질체를 지니고 있는데, 이들 중 한 화합물은 입덧 완화 작용을 하는 반면, 다른 화합물은 혈관 생성을 촉진하는 단백질에 결합하여 기능을 억제하게 된다. 그 결과 태아의 몸통에 손과 발이 가까이 위치하게 되는 기형이 되는 것이다. 임신 초기의 임산부가 탈리도마이드를 복용한 결과 '해표상지증(phocomelia)'이라는 외형을 지닌 기형아가 전 세계적으로 약 12,000여 명이 출생되었다고 한다.

2) 백조목 플라스크

발효 과정에 관한 연구를 수행하던 중 파스퇴르는 미생물의 근본적인 기원에 관심을 갖게 되었다. 그는 '음식물의 발효 또는 부패를 일으키는 미생물은 원래 어디에 존재해 있던 것일까?'라는 질문에 답을 찾고자 했다. 미생물이 공기 중에 살고 있다고 생각한 파스퇴르는 '미생물은 자연 상태에서 발생하는 것이 아니라 미생물로부터만 발생한다'고 여겨서 이를 증명해 보이고자 일련의 실험을 설계했다. 미생물이 자연발생에 의한 것이 아니라면 공기는 통과하지만 미생물은 통과하지 못할 실험 도구가 필요했다.

효과적인 실험 설계를 고민하던 파스퇴르는 어느 날 호수에 떠 있는 백조의 목을 보고 실험의 영감을 얻고서 플라스크의 목을 S자형의 백조목처럼 만들기 위하여 플라스크의 목을 가열했다. 이것이 바로 '백조목 플라스크'의 탄생이다.

플라스크에 담긴 고깃국을 끓일 때 발생한 수증기가 식은 후 백조목 플라스크의 굽은 부분에 물이 되어 고이게 된다. 이 부분에서 대기 중의 미생물이나 먼지 등은 차단될 것이라는 파스퇴르의 예상은 적중했다. 공기 중에 존재하는 미생물이 물이 고인 백조목 플라스크의 굽은 부분을 통과하지 못하므로 플라스크 안에 담긴 가열 살균한 고깃국에서는 부패의 원인이 되는 미생물이 더 이상 발생하지 않는다는 것을 증명할 수 있었다. 이로써 그의 노력은 오랫동안 지배적이었던 자연발생설이 잘못되었음을 증명하는 명쾌한 실험인 동시에 생물속생설을 입증하는 결정적인 실험이었다([그림 8.11]).

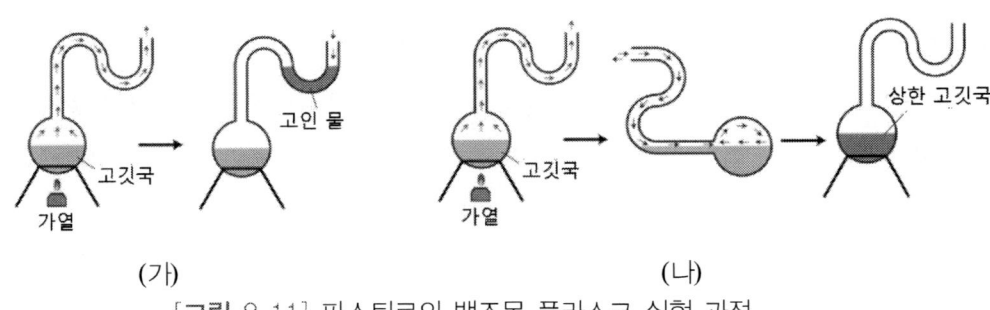

[그림 8.11] 파스퇴르의 백조목 플라스크 실험 과정

(가) 과정

① 플라스크에 고깃국을 담고 몇 분간 가열
② 뜨겁게 달군 백금관을 통과시켜 무균 상태로 만든 공기를 플라스크에 주입한 뒤 밀봉해 유지한 결과 고깃국에 미생물 발생하지 않음을 확인

(나) 과정

① 플라스크에 고깃국을 담고 몇 분간 가열
② 플라스크 내로 공기가 통하게 한 채 2~3일 유지한 결과 고깃국에 미생물 발생함을 확인

3) 광견병과 예방접종

발효 과정이 미생물의 작용에 의한 것이지만, 미생물은 음식의 부패를 초래할 수 있다는 사실을 알게 된 파스퇴르는 질병의 원인 또한 공기 중의 미생물일 수 있다고 생각했다. 그도 그럴 것이 그는 전염병 장티푸스로 사랑하는 두 딸을 잃었기 때문이다. 질병과 미생물인 세균과의 관계에 대한 연구가 진행됨에 따라 그는 인간에게 발생하는 감염성 질병의 대부분은 세균이 체내로 들어가서 유발된다는 것을 더욱 확신하게 되었다.

파스퇴르는 탄저병에 대한 연구를 하게 되면서 백신(vaccine)을 만드는 데 관심을 쏟았다. 이를 실험하기 위하여 그는 여러 동물들(양, 염소, 소 등)에게 약한 탄저균 배양액인 백신을 주사하였고, 열흘 후 이들에게 좀 더 강한 배양액을 주사하였다. 그로부터 2주 후 병을 유발하는 강한 탄저균 배양액을 동물들에게 다시 주사하였다. 동시에 이와 똑같은 배양액을 단 한 차례도 주사하지 않은 동물들에게도 동일하게 강한 탄저균 배양액을 주사했다.

한 달 후 두 차례의 백신을 주사한 동물들은 강한 탄저균으로부터 안전할 수 있었지만, 그렇지 않은 동물들은 탄저병으로 죽게 되었다. 파스퇴르의 백신에 관한 생각과 연구가 옳았음이 입증되는 사건이었다.

이후 광견병 백신 연구를 위하여 파스퇴르는 광견병으로 죽은 토끼의 척수를 채취하여 건조시킨 후 이를 잘게 조각내어 현탁액을 만들고, 이 용액을 광견병에 걸리지 않은 개에게 주사하였다. 그 결과 그는 현탁액을 주사한 개에게서 광견병이 발생하지 않는다는 것을 확인할 수 있었다. 일련의 실험을 통해 파스퇴르는 백신의 효과가 인간에게도 동일할 것이라 판단하였다.

1885년 어느 날 광견병에 걸린 개에게 심하게 물려서 의사들로부터 치유할 수 없다는 진단을 받은 소년이 파스퇴르를 찾아왔던 적이 있었다. 파스퇴르는 소년에게 광견병 백신을 접종하였고, 마침내 소년은 광견병에 걸리지 않고 완전히 회복될 수 있었다.

그의 감염성 질병에 대한 예방법은 예상대로 적중하였고, 사람의 질병을 해결하는 데에 많은 도움이 되었다. '미생물의 아버지'이자 면역학이라는 새 분야를 개척한 파스퇴르를 기념하고자 파스퇴르 연구소가 설립되었다. 현재 이 연구소는 세계 의학 및 과학 연구의 중심지로서 그 역할을 담당하고 있다.

3 면역의 과학: 천연두

천연두(smallpox), 소아마비(polio), 페스트(pest), 장티푸스(typhoid fever), 콜레라(cholera), 에볼라(ebola), 에이즈(AIDS, Acquired ImmunoDeficiency Syndrome), 조류독감(avian influenza), 신종 플루(novel swine-origin influenza) 및 메르스(MERS, Middle East Respiratory Syndrome), 코로나 19(corona virus 2019) 등은 역사 이래로 인류를 괴롭히는 박테리아나 바이러스 감염으로 인한 전염병이다. 이로 인해 많은 사람들이 목숨을 잃기도 한 반면, 일부는 살아남기도 했다. 아마도 인류의 역사만큼이나 박테리아나 바이러스의 역사도 오래 되었을 것이다. 긴 세월 동안 인류는 이들과 싸우면서 면역체계의 변화를 경험했다.

18세기 경 사람들은 전염병에서 치유된 환자들의 경우 이 후 동일한 질병에 다시는 감염되지 않는다는 사실을 발견하였다. '면역'이란 '면제 받은 사람(exempt)'이라는 의미인 라틴어의 'immunis(전염병에 대한 방어력이 있는 상태)'에서 유래되었다.

'천연두', '마마' 또는 '두창'이라 불리는 전염병은 모든 연령층에서 감염되며, 치사율이 20~60%에 이르는 질병이다. 기원전 3000년경으로 추정되는 고대 이집트의 미이라(mummy)에서도 천연두의 흔적이 발견되는 것을 감안한다면, 바이러스로 인한 질병인 천연두의 역사는 인류의 역사와 거의 맞먹는다고 해도 과언이 아닐 것이다. 인도와 중국에서도 기원전 1500년 경 천연두로 추정되는 질병에 관한 기록이 있다. 기원전 430년 경 전염병에 걸렸다가 나은 사람은 다시는 그 병에 걸리지 않기 때문에 같은 질병에 걸린 환자들을 간호할 수 있다고 기록되어 있다. 하지만 당시 인류는 면역 현상을 단순히 인지하는 데에 그쳤을 뿐이다.

면역성을 유도하기 위한 첫 시도는 15세기 중국인들과 터키인들의 기록에서 찾아볼 수 있는데, 그들은 천연두 고름에서 떼어낸 마른 딱지를 건강한 사람의 코 안으로 흡입하게 하거나 피부에 있는 작은 상처로 주입하였다. 천연두 바이러스에 감염되면 고열과 함께 얼굴과 온몸에 수포가 생기고, 시간이 지나면서 수포에는 고름이 차고, 고름이 터진 자리에 딱지가 생긴다. 상처가 아물어서 딱지가 떨어진 부위에는 피부 표면이 움푹 들어가서 흉터가 남는다. 그래서 천연두에 한번 걸리면 치명적이기도 하지만, 운이 좋아 회복된다 하더라도 피부에 흉한 상처를 남겼다.

그러던 중 18세기 영국에서 안전하고 효과적인 예방법이 개발됨으로써 인류는 천연두와의 싸움이 끝날 기미가 보였다. 바로 영국의 의사 제너(Edward Jenner, 1749~1823) 덕분이었다. 물론 제너가 종두법의 원리를 최초로 발견한 인물은 아니다.

1718년에 영국의 여성 작가 몬터규(Mary Wortley Montague, 1689~1762)는 이스탄불에 체류 중 놀랄 만한 사실을 발견했다. 이스탄불 사람들은 천연두에 걸린 사람의 고름을 건강한 사람들의 혈관에 큰 바늘을 통해 주입했고, 이후 그들은 그 병에 걸리지도 않았다는 것이다. 만일 천연두에 걸린다고 하더라도 그 증상이 경미해서 환자의 얼굴에 흉터가 남는 일도 거의 없다는 사실을 알고서 몬터규는 이 유용한 방법을 영국에 확산시키고 싶었다. 하지만 영국에서는 아직까지 이 방법이 어느 누구에게도 시행되지 않았던 위험천만한 모험이었으며, 대부분의 사람들은 꺼려하고 경계했다. 몬터규의 천연두 예방법은 기대 그 이상이었지만, 오히려 천연두에 걸려 죽는 사람이 종종 발생하기도 했다.

[그림 8.12] 제너

천연두를 예방할 목적으로 천연두 환자의 고름이나 우두에 걸린 소의 고름을 인체에 접종하는 것을 '종두'라 하며, '종두법'에는 '인두법'과 '우두법'이 있다. 천연두를 면역 물질로 사용하는 인두법은 제너 이전부터 있었으며, 몬터규가 영국으로 도입한 방법이기도 하다. 이와 달리 '우두'를 면역 물질로 사용하는 우두법이 바로 영국의 의사 제너의 공적이다. 예방을 위해 실시한 인두 접종으로 오히려 천연두에 걸려 죽는 사람이 종종 발생하는 상황에서 등장한 제너의 우두 접종법은 면역 물질을 천연두보다 훨씬 경미한 우두에 걸린 소의 고름으로 바꿈으로써 안전성을 높였다는 점에서 각광을 받았다(1796).

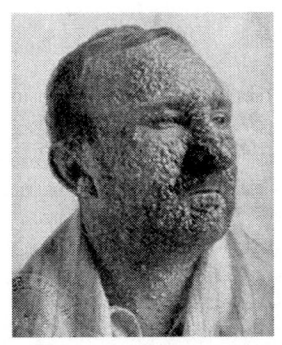

[그림 8.13] 미국의 천연두 환자(1912)

제너가 어느 날 한 여성 환자로부터 '과거에 한번이라도 우두에 감염되었던 사람은 이후 일생 동안 천연두에 걸리지 않는다'는 말을 듣게 되었다. 이 사실을 확인하기 위해서 제너는 우두에 걸린 소의 젖을 짜는 일을 하다가 손에 수포와 고름이 생긴 한 여인에게서 고름을 채취한 후 여덟 살 된 소년에게 주사하였다. 며칠 후 그 소년은 우두 증세를 보이면서 앓게 되었다. 우두 증세가 호전되자 제너는 소년에게 천연두 환자의 고름을 주사하였다. 약 두 달이 지나서도 소년에게서는 천연두 증상이 나타나지 않았다. 그 결과 위험한 모험을 강행했었던 제너의 우두 접종 실험은 성공을 거두게 되었고, 그는 우두에 한번 걸렸다가 나은 사람이 다시는 천연두에 걸리지 않는다는 사실을 실험적으로 증명하였다.

'우두(cowpox)'는 라틴어 '바리올라에 바키나에(Variolae vaccinae, 소 천연두)'에서 유래하는데, 라틴어의 '바카'(vacca)는 '소(牛)'라는 뜻이다. 여기에서 '예방접종(vaccination)'과 '백신(vaccine)'이라는 단어가 유래되었다. 종두법에 성공한 제너는 「우두의 원인과 효과에 관한 연구(An Inquiry into the Causes and Effects of the Variolae Vaccinae)」라는 논문을 발표했다(1798).

우두 접종의 유효한 사실이 점차 널리 인정되어 1803년에 천연두 백신 보급을 위한

'제너 연구소'가 설립되었고, 가난한 사람들에게는 무료로 접종을 해주기도 했다. 그가 발견한 종두법은 이후의 모든 백신 개발의 기초가 되었으며, WHO(World Health Organization, 세계 보건 기구)는 1980년 5월 8일 세계에서 천연두가 근절됨을 선언하였다. 이후 제너는 '면역학의 아버지'라는 명성을 얻게 되었다.

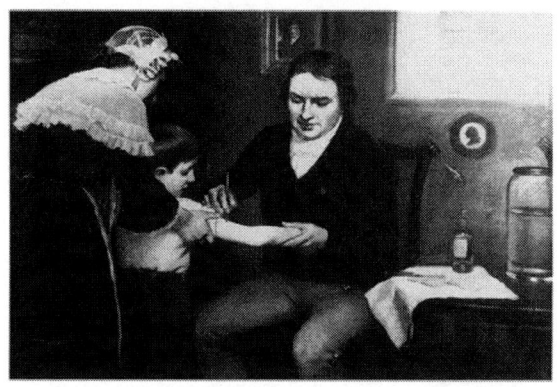

[그림 8.14] 제너가 소년에게 우두를 접종하는 모습

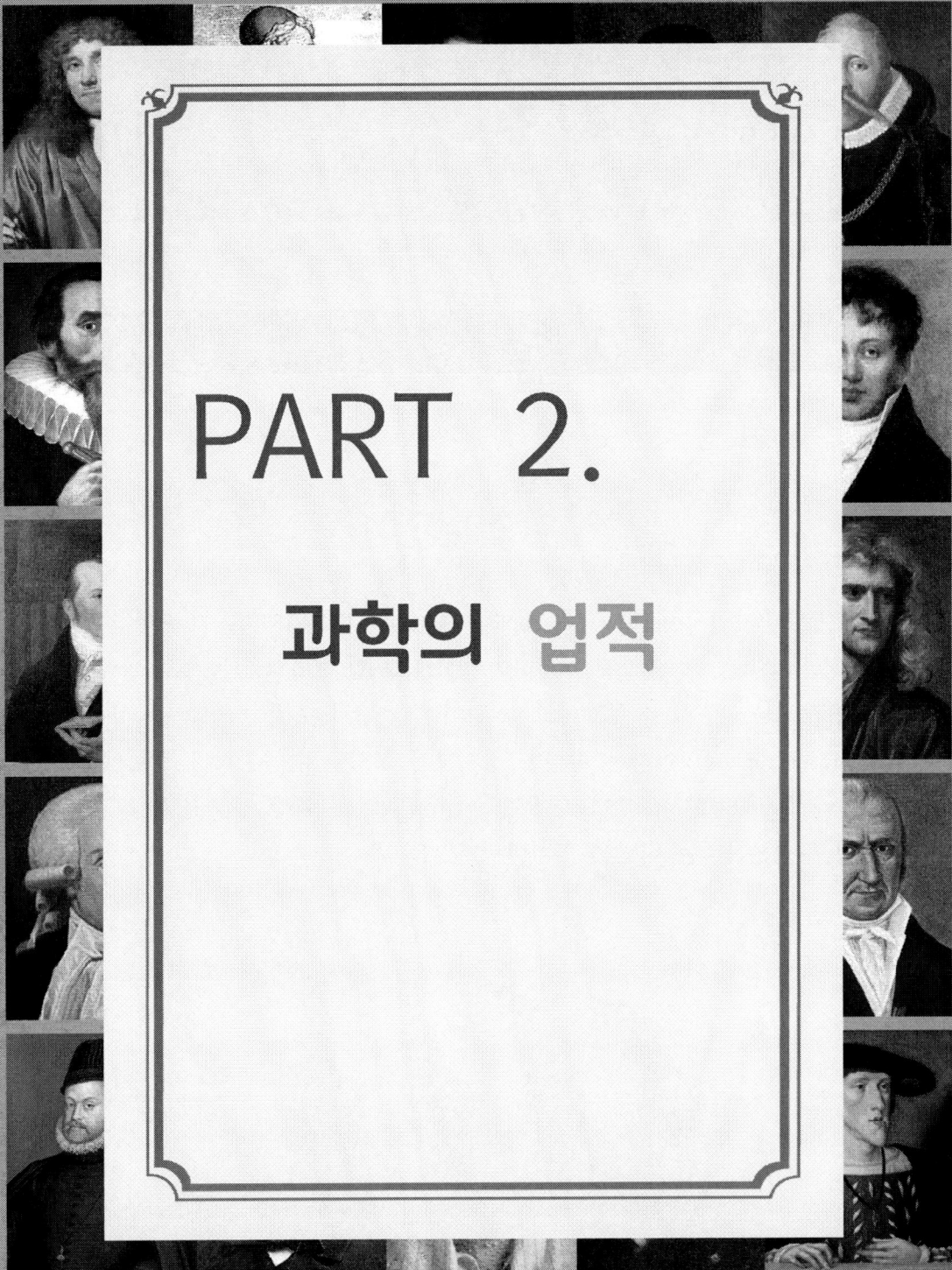

PART 2.

과학의 업적

9장.
생명의 과학

1 생명의 현상

1) 진화

(1) 용불용설

프랑스의 동물학자인 라마르크(Jean Baptiste Lamarck, 1744~1829)는 다윈에 앞서 '생물이 진화한다'는 생각을 구체적으로 정리하여 발표(1809)한 최초의 인물로 잘 알려져 있다. 생물의 '종(Species) 불변설'을 주장하고 '천변지이설(天變地異說, Catastrophe theory)' 또는 '격변설(catastrophism)'이라는 이론을 지지하는 프랑스의 동물학자 퀴비에(Georges Léopold Cuvier, 1769~1832)로부터 라마르크의 생각과 진화론은 공격을 받고 학계에서 무시당하며 무신론자라는 비난을 받아야만 했다.

[그림 9.1] 라마르크의 용불용설: 용불용설

라마르크는 평소 '생물은 환경의 변화 속에서 살아남기 위하여 환경 변화의 방향으로 생물체 습성의 변화가 일어나므로 생물체에는 본래 진화하려는 경향이 내재되어 있다'고 생각했다. 그 과정에서 각 기관(organ)은 사용되는 정도에 따라 달라지는데, 생물체가 빈번하게 사용할수록 해당 기관은 더욱 발달하는 반면, 그렇지 않은 기관은 퇴화된다. 이전보다 더욱 발달하게 된 기관의 획득된 형질(acquired character)은 다음 세대에게 그 형질이 거듭하여 전달된다는 것이다. 이것이 라마르크의 '용불용설(Law of Use and Disuse)'이다. 이를 설명하기 위한 대표적인 예가 바로 기린의 목 길이이다.

용불용설에 의하면, 키 큰 나무의 잎을 먹기 위해 기린은 목을 늘이는 자세를 반복함에 따라 그 길이는 이전보다 더 길어진다. 생물이 필요에 의해 신체 일부를 자주 사용한 결과, 형질의 변화가 발생하게 된다. 반면, 자주 사용하지 않는 기관은 오히려 그 형질이 약해지거나 작아지며, 오랜 시간이 지나면 퇴화한다는 것이다. 예를 들어, 펭귄의 날개는 하늘을 날기 위한 목적으로는 자주 사용되지 않아서 오늘날과 같은 형질로 작아지고, 그 기능이 퇴화된다는 말이다. 라마르크는 이러한 생각을 저서 「동물철학(Philosophie Zoologique)」에 담아 출간하였다.

용불용설을 설명하기 위해서 라마르크는 '획득형질의 유전(Lamarckian Inheritance)'이라는 개념을 도입했다. 그는 한 생물 개체의 형질 변화가 계속해서 유지되려면, 자손을 통한 번식에 의해서 가능해진다고 생각했다. 기린 목 길이의 경우, 높은 곳에 위치한 먹이를 먹기 위해 목을 늘이는 시도를 반복한 결과, 한 개체의 변이가 발생한 것이다. 이러한 변화는 암수 기린 모두에게서 발생했거나 최소한 암컷에게서 발생했을 때 변화된 획득형질이 자손에게 유전되면서 진화될 수 있었다. 라마르크는 한 개체의 생물이 환경에 적응하면서 일생 축적되고 획득된 형질의 변화가 자손을 통해 유전되며, 마침내 한 종의 점진적 변화 및 변이가 발생한다고 주장했다.

이후 그의 이론은 영국의 생물학자 다윈의 '자연선택(Natural selection)' 이론으로 대체되었고, 오스트리아의 수도사이자 식물학자인 멘델(Gregor Mendel)이 발표했던 '유전 법칙'에 비추어 볼 때 한 개체의 획득된 형질은 유전되지 않는다는 것이 밝혀지게 되었다.

21세기 후성유전학(Epigenetics)은 유전자 발현을 제어하는 '메틸기(methyl group, 메탄(CH_4)에서 1개의 수소 원자를 제거한 원자단인 - CH_3)'와 같은 생화학 물질이 생물이 처한 환경에 따라 유전자 작동 방식에 변화를 일으킬 뿐 아니라 유전이 가능하다는 것이다. 이는 라마르크가 주장했던 환경의 영향으로 개체의 획득된 형질이 유전될 수 있음을 일부 인정한다는 것을 의미한다.

(2) 자연선택설

① 종의 기원

영국의 생물학자 다윈(Charles R. Darwin, 1809~1882)은 대학 졸업 후 예상치 않았던 제의를 받게 되는데, 그것은 훗날 우리에게 다윈이 진화 이론으로 잘 알려지게 되는 순간이기도 했다. 바로 해군 측량선 비글호(Beagle)의 승선 제의였던 것이다. 당시 비글호의 선장이었던 피츠로이(Robert FitzRoy, 1805~1865)는 두 번째 항해를 계획하던 중, 첫 번째 항해 기간 동안 지질학에 관한 전문 지식을 지닌 사람이 필요하다는 것을 경험한 바 있었기에 두 번째 항해에서는 육지를 탐사하는 데 도움이 될 박물학자를 물색하게 되었다. 그에 따라 다윈이 동행하게 되었고, 1831년 그들과 함께 다윈은 비글호를 타고 남아메리카로 향했다.

5년간의 항해를 위해 다윈은 영국의 지질학자인 라이엘(Charles Lyell, 1797~1797)의 저서「지질학 원론(Principles of Geology)」를 가지고 비글호에 승선했다. 이 책은 근대 지질학의 기초를 세운 라이엘이 지구의 미세한 지질학적 변화들이 아주 오랜 시간 동안 서서히 변화하여 오늘날과 같은 커다란 변화를 이루게 되었다는 내용을 담은 '동일과정설(uniformitarianism)'을 기초로 저술된 것으로서 17세기 후반 퀴비에의 격변설을 반박하고 있다. 다윈은 '지구에서 발생하는 변화는 오랜 기간에 걸쳐 점진적으로 일어나고 있다'는 라이엘의 생각에 심취하였고, 후에 '자연선택설의 근간은 라이엘에게서 비롯되었다'고 고백하기도 했다.

1835년 갈라파고스 군도(群島)에 도착한 다윈은 그곳의 동식물을 수집하며, 생물학이나 지질학에 관련된 것들을 관찰하고 기록하였다. 그는 갈라파고스에서 다양한 종류의 새들을 관찰하였는데, 부리의 생김새가 서로 다른 몇 마리의 새들이 '모두 핀치새'라는 사실을 항해 후 영국의 조류학자 존 굴드(John Gould, 1804~1881)에게서 듣게 되었다.

[그림 9.2] 핀치새의 다양한 부리 모양(갈라파고스 군도)

다윈은 이러한 사실을 수용하기 어려웠다. 동일한 종(species)에 속하는 새이지만 섬의 환경과 먹이에 따라 마치 서로 다른 종인 것처럼 보였기 때문이다. 가령 곤충을 주로 잡아먹는 핀치새의 부리는 짧고 뭉툭하며, 곡식의 낱알을 주로 먹고 사는 새의 부리는 가늘고 뾰족하다는 것이다. 모두 한 종류에 속한 새들의 부리 모양이 그들이 서식하고 있는 환경과 먹는 먹이의 종류에 따라 달라질 수 있다는 결론에 도달한 다윈은 '한 종의 안정성이 깨질 수 있다'는 결론에 도달했다. 그의 진화 이론의 기본이 되는 '자연선택설'이 명확해지는 순간이었다. '생물의 종은 고정된 것이 아니라 환경에 의해 변화한다'는 것이다.

그러던 중 1838년 그는 영국의 경제학자 맬서스(Thomas Robert Malthus, 1766~1834)의 대표적 저서「인구의 원리에 관한 일론(An Essay on the Principle of Population)」[13]에서 '식량은 산술급수적으로 증가하는 반면, 인구는 기하급수적으로 증가하는 경향을 지닌다'는 내용에서 자신의 이론을 뒷받침할 만한 단서를 발견하게 되었다. 마침내 다윈은 자신의 생각을 기록하기 시작했고, 그것이 저서「종의 기원(Origin of Species)」이다(1859). 그리고 출판 당일 매진된 다윈의 책은 이후 세상에 커다란 파문을 불러일으켰다.

다윈의 대표적 저서「종의 기원」은 '모든 생명체는 신의 섭리가 아니라 자연의 선택 과정에 따라 진화한다'는 내용을 담고 있다. 어떤 환경에서 살아남은 생물 종은 다른 종보다 더 우수하거나 더 지적인 종이 아니라 환경 변화에 가장 잘 적응한 종이라는 것이다. 따라서 보다 잘 적응하여 살아남게 된 종, 즉 적자생존(Survival of the Fittest)은 '진화'라는 과정에 들어서게 된다.

---

13) 책 이름이 '인구론'으로 더 익숙하다.

② 자연선택

다윈의 진화이론의 근거는 '자연선택'이다. 그의 저서 「종의 기원」에서도 알 수 있듯이 부모의 형질이 자손에게 전해지는 과정에서 주위 환경에 더욱 잘 적응하는 형질이 자연선택을 통하여 후대로 전달되어 진화가 일어난다는 것이다. 같은 종이라 하더라도 환경에 적응하는 동안 각 개체에서는 다양한 변이(variation)가 발생하는데, 여러 변이체들 중에서도 생존과 자손 번식에 유리한 변이를 일으킨 개체의 생존 가능성이 더 높으며, 이 형질은 계속하여 후대로 전달될 것이다.

뿐만 아니라 여러 개체들 간에는 개체수에 비하여 비교적 한정된 먹이를 사이에 두고 경쟁을 해서 살아남아야 한다. '생존경쟁(struggle for existence)'과 '약육강식의 법칙(law of the jungle)'이 그대로 적용되는 환경이다.

[그림 9.3] 다윈의 자연선택설: 적자생존

다윈이 생각하는 변이는 유전되는 동안 우연히 발생하는 유전적 돌연변이(genetic mutation)와는 다른 개념이다. 생물 개체는 처한 환경에 따라서 조금씩 변화하며, 그 변화가 후대로 유전된다는 의미로서, 엄밀히 말하면 '변이'보다는 '변화'의 개념에 더 가깝다고 볼 수 있다. 이는 라마르크의 용불용설로 인한 '획득형질'과도 다소 유사한 개념이기도 하다.

2) 유전자

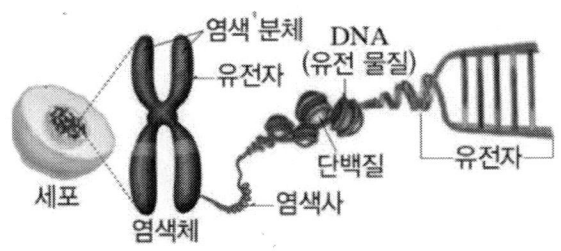

[그림 9.4] 세포 내 염색체의 구성

(1) 유전자

① 유전체

세포의 생명 활동을 조절하는 중심인 핵은 핵막(이중막)으로 둘러싸여 있으며, 사람의 경우 그 안에 23쌍의 염색체(chromosome)를 가지고 있다. 염색체는 세포의 생명활동, 생식 및 유전 등의 기능을 수행하며, DNA와 히스톤(histone) 단백질로 구성된다.

유전체(genome)는 '유전자(gene)'와 '염색체(chromosome)'의 합성어로서 생물 개체가 생명을 유지하는 데에 필요한 유전물질인 'DNA의 집합체'를 의미한다. 따라서 생물 개체를 형성하는 유전자의 최소 단위는 1게놈이 되는데, 세균과 같은 단세포 생물의 유전체는 원형의 DNA 한 개로 이루어져 있다.

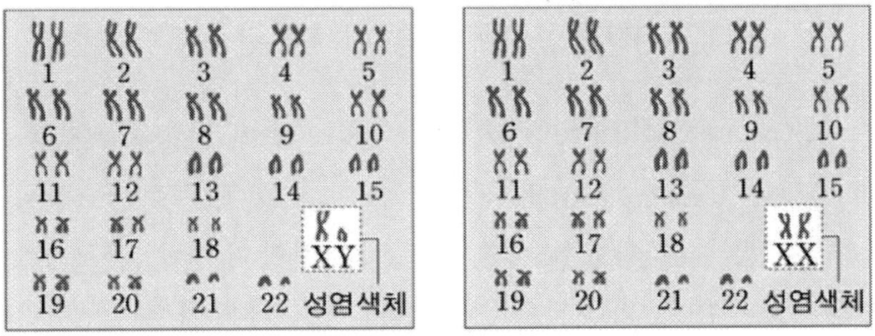

[그림 9.5] 사람의 염색체 23쌍: 남성(좌), 여성(우)

사람의 경우 부계에서 23개의 염색체를, 모계에서 23개의 염색체를 받아 수정된 세포는 총 46개의 염색체를 갖는다. 23쌍의 염색체 중 22쌍은 남녀 모두 동일한 상염색체이며, 나머지 1쌍은 남성인지 여성인지를 구별하는 성염색체이다. 23쌍의 염색체 중 1세트(23개 염색체)의 염색체군인 유전체는 부모로부터 자손에 전해지는 유전물질의 단위체를 뜻하기도 한다. 따라서 사람은 총 2세트의 유전체를 가진다. 한 개체에 있는 모든 세포는 동일한 수의 염색체와 유전정보를 가지고 있으므로 하나의 세포만을 분석하여도 그 개체의 모든 유전체 정보를 알 수 있다.

② DNA

생물체의 유전정보를 담고 있는 물질인 DNA(deoxyribo nucleic acid, 디옥시리보핵산)의 기본단위인 뉴클레오티드(nucleotide)는 인산, 당 그리고 염기로 구성되며([그림 9.6]), 염기에는 4종류인 아데닌(A, adenine), 시토신(C, cytosine), 구아닌(G, guanine), 티민(T, Thymine)가 있다. 한 가닥에 위치한 아데닌은 마주보고 있는 다른 한 가닥의 티민과 2중 수소결합을, 시토신은 구아닌과 3중 수소결합을 한다. 이러한 염기의 결합을 '상보적(complementary)'라 하며, 그 결과 DNA는 2중 가닥(double strand)으로서 나선모양을 한다([그림 9.4]).

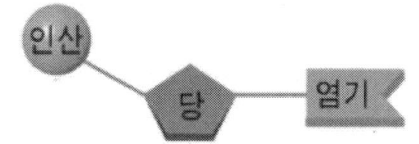

[그림 9.6] DNA의 단위: 뉴클레오티드

한 가닥의 DNA에 배열된 4가지 염기 중 3개씩의 염기 조합인 '코돈(codon, 유전암호)'은 하나의 아미노산(amino acid)를 지정할 수 있다. 이처럼 아미노산을 지정하여 단백질을 형성할 수 있는 유전암호를 유전자라 한다. 사람의 경우, 세포 1개에 있는 23쌍의 염색체에 존재하는 DNA의 총길이는 약 1.8m 정도이며, 이 길이에 포함되는 염기는 약 30억 개 정도이다. 하지만 이 많은 염기들 중 아미노산을 만들어 단백질을 생산하는 기능에 관여하는 염기인 코돈은 3~4% 정도에 불과하다.

③ 텔로미어

그리스어의 'telos'(끝)와 'meros'(부분)의 의미를 가진 텔로미어(telomere)는 염색체 양 끝에 위치하고 있다. 한 개체의 세포분열이 진행되는 동안 발생하는 염색체의 손상을 막아주는 기능을 하는 텔로미어는 세포분열에 따라 그 길이가 점점 짧아진다. 이와 같이 길이를 다한 텔로미어에 의해 결국 세포분열은 멈추게 되며, 이는 개체의 죽음으로 이어진다.

최근 텔로미어의 연구에 의하면, 이는 생물체의 노화와 수명을 결정하는 원인으로 추정되기도 한다. 하지만 생식세포와 암세포의 텔로미어 길이는 줄어들지 않아 무한증식이 가능하다는 것이다. 특히 암세포의 경우, 세포분열의 한계인 50회(헤이플릭 한계, Hayflick limit) 이상의 분열이 진행되었다 하더라도 텔로미어의 길이가 계속해서 보충된다는 것을 발견하였다. 이는 암세포가 증식할 때마다 '텔로머라제(telomerase: 텔로미어 복원효소)'라는 효소가 염색체 말단의 짧아진 텔로미어를 보충한다는 것이다.

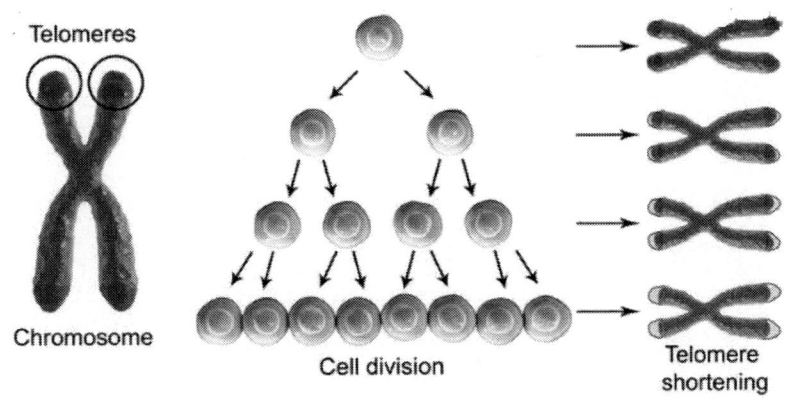

[그림 9.7] 세포분열에 따른 텔로미어 길이의 단축 과정

(2) 멘델의 유전법칙

부모 세대의 형질이 자식 세대로 전달되는 이유와 방식에 대한 관심은 인류의 역사만큼이나 오래되었을 것이다. 이에 대하여 과학적 접근으로 실험을 행했던 인물은 바로 유전법칙을 발견한 오스트리아의 수도사 멘델(Gregor Johann Mendel, 1822~1884)이다. 식물 육종 및 유전현상 연구를 위해 그가 선택한 대상은 바로 식물체인 완두($Pisum\ sativum$)였다. 완두는 두 가지의 뚜렷한 대립 형질을 지니고 있어서 우성과 열

성의 구분이 용이했으며, 한 세대가 비교적 짧고, 개체수가 많아 번식이 잘 된다는 장점이 있었기 때문이다. 또한 자가교배한 완두는 특정형질에 대하여 순종의 계통으로 유지될 수 있었을 뿐만 아니라 한 식물의 꽃에서 다른 식물의 꽃으로 꽃가루가 옮겨지는 타가교배로도 번식이 가능했다.

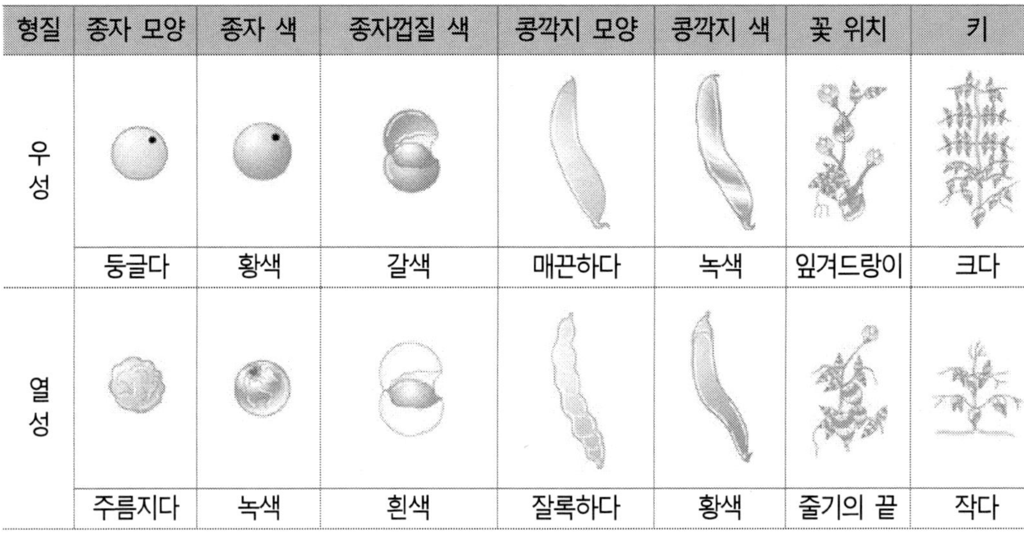

형질	종자 모양	종자 색	종자껍질 색	콩깍지 모양	콩깍지 색	꽃 위치	키
우성	둥글다	황색	갈색	매끈하다	녹색	잎겨드랑이	크다
열성	주름지다	녹색	흰색	잘록하다	황색	줄기의 끝	작다

[그림 9.8] 멘델이 선택한 완두의 형질

멘델의 유전법칙을 정리하면 다음과 같다.

① 우열의 법칙(law of dominance)

생물은 같은 부위에 동일한 기능을 하는 한 쌍의 염색체, 즉 상동염색체를 갖고 있으며, 각 쌍의 상동염색체에는 대립유전자(allele)가 자리하고 있다. 가령, 완두콩의 색깔이 황색일 경우 우성 유전자를 Y(대문자)로, 색깔이 녹색일 경우 열성 유전자를 y(소문자)로 표시한다. 따라서 각 상동염색체를 지닌 완두의 유전자 쌍은 YY, Yy 그리고 yy 총 세 가지로 나타낼 수 있으며, YY와 Yy의 표현형은 황색이며, yy는 녹색이다.

멘델은 YY와 yy를 교배한 결과(YY × yy), 자손 제1대(F1; Filial 1)에서는 모두 황색 형질(Yy)만을 얻을 수 있었다. Y 유전자가 y유전자에 대하여 우성으로 작용하기 때문에 두 순종(동형, homo) 간의 교배에서는 우성 형질 잡종(이형, hetero)인 Yy만을 얻게 되는 것이다. '우성(優性, dominance)'이란 상대 유전자의 표현형을 숨기는 유전 형질을, '열성(劣性, recessive)'이란 상대 유전자에 의해 숨겨지는 유전 형질을 가리킨다.

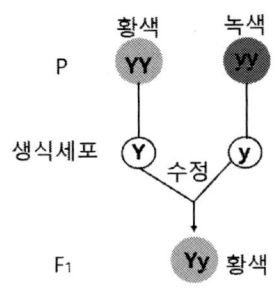

[그림 9.9] 우열의 법칙

② 분리의 법칙(law of segregation)

멘델의 우열의 법칙에서 얻은 자손 제1대와 유전자형이 동일한 개체를 다시 교배(자가교배)할 경우(Yy × Yy), 자손 제2대에서는 우성 형질과 열성 형질의 비율이 3:1로 나타난다. 순종 YY와 잡종 Yy는 모두 우성 형질로 황색이며, 열성 동형 개체 yy는 녹색이다. 이때 1/4의 확률로 열성이 우성에게서 분리된다는 것을 알 수 있다.

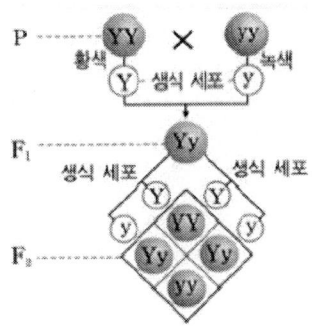

[그림 9.10] 분리의 법칙

③ 독립의 법칙(law of independence)

우열의 법칙과 분리의 법칙이 완두의 한 가지 형질만을 교배하는 방식의 단성교배였다면, 독립의 법칙은 두 가지 형질을 동시에 교배하는 양성교배이다. 만일 우성 형질인 둥글고 황색(RRYY) 완두와 열성 형질인 주름지고 녹색(rryy) 완두를 교배할 경우, 자손

제1대에서는 둥글고 황색(RrYy)인 잡종 개체를 얻게 된다([그림 9.11]). 이때 자손 제1대를 자가교배하면(RrYy × RrYy), 둥글고 황색인 개체(RRYY, RRYy, RrYY, RrYy) 3, 둥글고 녹색인 개체(RRyy, Rryy) 3, 주름지고 황색인 개체(rrYY, rrYy) 3 그리고 주름지고 녹색인 개체(rryy) 1의 비율로 나타난다. 9:3:3:1의 비율에서 알 수 있는 것은 우성인 둥근 형질과 열성인 주름진 형질의 비율이 3:1이며, 우성인 황색 형질과 열성인 녹색 형질의 비율이 3:1이다([그림 9.12]). 따라서 형태와 색깔을 나타내는 두 형질은 서로 독립적으로 유전되는 양상을 띠고 있다.

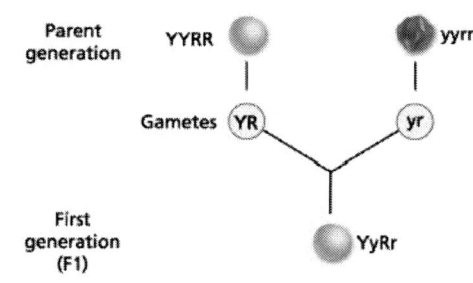

[그림 9.11] 양성교배

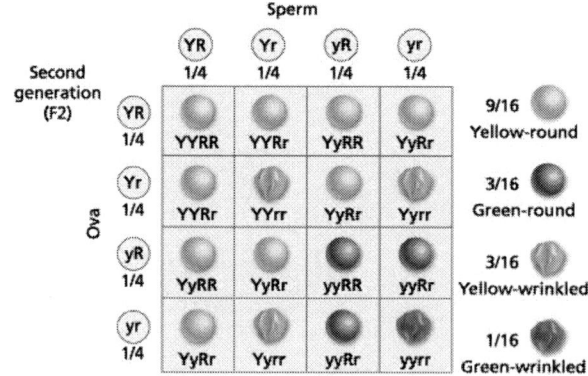

[그림 9.12] 독립의 법칙

(3) 유전현상

유전법칙이 적용되는 한 예로는 유럽 최대의 왕실 가문인 합스부르크(Habsbrug)가이다. 현재 스위스에 위치한 슈바벤(Schwaben) 지방에 있는 '매의 성'이란 뜻을 가진 합스부르크 성에서 그 이름이 유래되었다고 한다. 13세기 후반부터 약 600여 년간 합스부르크 왕가는 거의 모든 유럽의 왕실과 관련을 맺고 있는 것으로도 유명하다. 16세기 스페인 왕으로 재위했던 필립 2세(Philip II, [그림 9. 13])는 일생 동안 네 차례의 결혼을 했는데, 자신의 권력을 유지하기 위한 욕심으로 첫 번째 결혼은 사촌인 마리아와 두 번째 결혼은 아버지의 사촌 동생인 메리 I세와 네 번째 결혼은 사촌인 안나와 결혼하였다. 근친간의 결혼이었던 것이다.

하지만 이들은 이로 인하여 간질이나 통풍 등의 질병이 생겼을 뿐 아니라 비정상적인 머리 모양과 크기로 상당한 고통을 받았다고 한다. 그 중에서도 독특한 유전병으로도 잘 알려져 있는 하악전돌증(prognathism)은 '합스부르크 립'이라 불릴 정도였다. 주걱턱 모양으로 아래턱이 유독 길게 돌출되어 있어서 음식을 씹거나 의사소통을 할 때 많은 불편과 고통이 있었는데, 이는 상염색체(autosome) 불완전 우성유전 질환으로 추측된다. 한 집안의 가계에 특정 유전병을 발현하는 유전자가 존재할 경우, 근친혼을 통해 해당 유전자가 중첩되어 발현가능성이 더 높아질 수 있다.

합스부르크 왕가의 사람들은 남들과 다른 기다랗게 돌출된 턱을 가리기 위해 수염을 길렀으며, 당시 궁정화가들은 왕실의 초상화를 그리는 과정에서 턱을 실물보다 보기 좋게 그려야 하는 노고가 있었다고 한다.

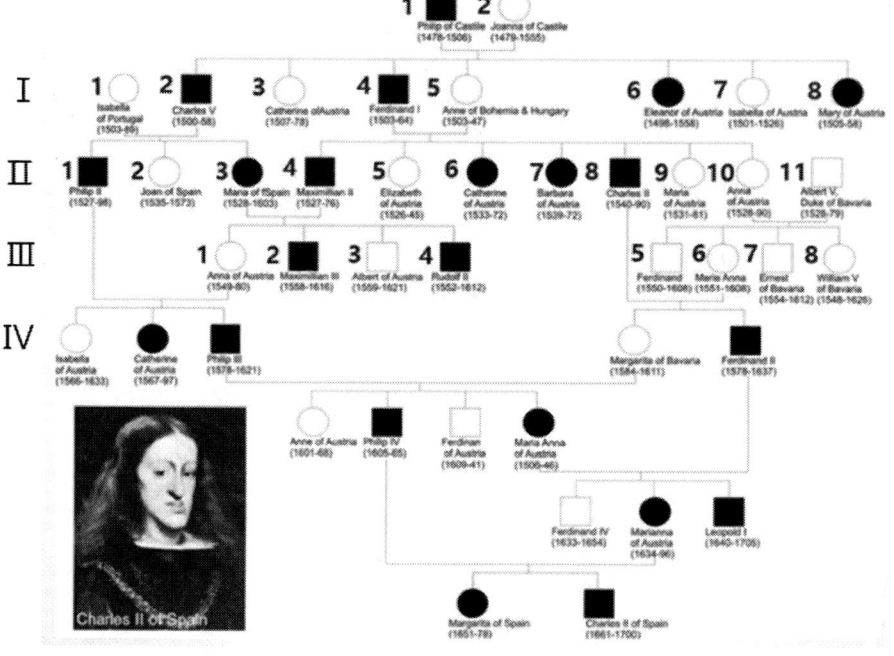

[그림 9.13] 합스부르크 왕가의 근친결혼 가계도

[그림 9.14] Karl V세(좌)와 Philip II(우)

① 상염색체 우성유전

양쪽 부모로부터 각각 물려받은 1쌍의 유전자 중 어느 한 쪽이라도 해당 유전자를 포함하고 있으면, 그 유전자가 정상 유전자에 대해 우세하게 작용하므로 모든 세대에서 그 형질이 발현된다. 질환에 영향을 받은 부모로부터 자녀에게로 질환이 전달될 가능성은 성별에 관계없이 각각의 50%이다([그림 9.15, 좌]). 대표적인 예로는 연골무형성증(achondroplasia)[14]이 있으며, 이 질환 환자의 약 90%는 새로운 돌연변이에 의해 발생한다. 성장기에 연골이 장골로 바뀌는 과정에서 이상이 발생해서 뼈의 발달이 이루어지지 않게 되므로 정상적인 키 성장이 불가능하게 된다.

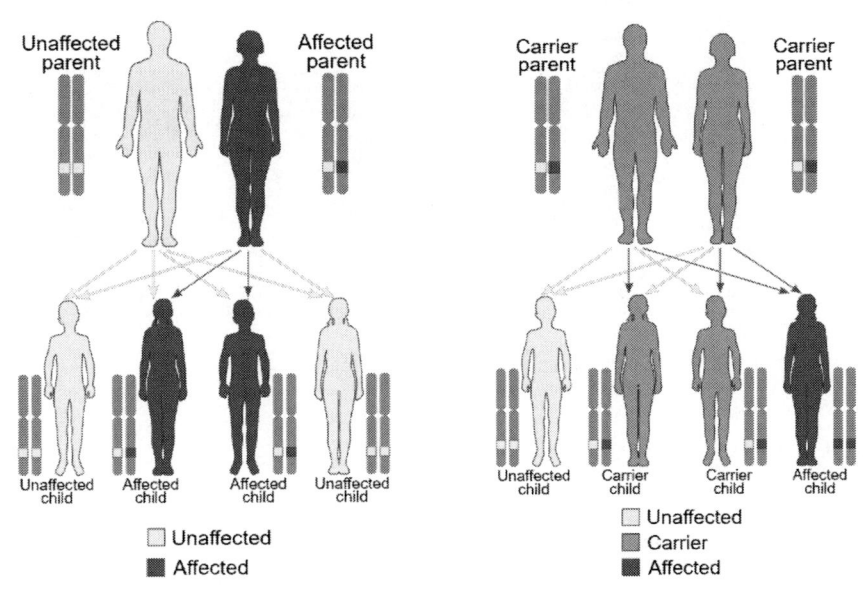

[그림 9.15] 유전 현상: 상염색체 우성(autosomal dominant, 좌), 상염색체 열성유전(autosomal recessive, 우)

② 상염색체 열성유전

부모로부터 질병 유전자를 각각 하나씩 물려받았을 때 발현되는 유전현상이다. 만일 개인이 하나의 정상 유전자와 하나의 질환 유전자를 받을 경우, 그 사람은 해당 질환에 관련된 유전자를 지닌 보인자(carrier)이다. 일반적으로 질병의 증상은 나타나지 않는다.

부모가 모두 보인자일 경우 자녀에게 동일한 질병이 유전될 확률은 25%이며, 자녀가 부모처럼 보인자가 될 확률은 50%이다([그림 9.15, 우]). 대표적인 예인 백색증(albino)은 피부, 모발, 눈 등에 멜라닌 색소가 형성되지 않는 이상 현상을 나타낸다. 이는 유전질환으로서 머리카락, 눈썹, 속눈썹도 색소가 없어서 하얗게 되고, 눈의 홍채는 담홍색,

---

[14] 4번 염색체에 위치한 유전자가 돌연변이 대립유전자가 생장인자 수용체 단백질의 결핍을 초래하므로 정상적인 성장에 장애를 나타낸다.

동공은 심홍색이며, 단순 열성 형질이 되어 혈족간 결혼이 많은 지방에 이러한 유전질환이 빈번히 발생하게 된다.

[그림 9.16] 연골무형성증(좌), 백색증(우)

③ 미토콘드리아 DNA의 유전

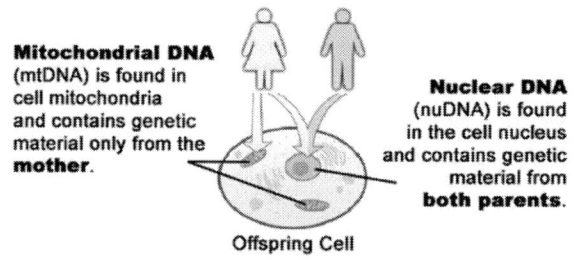

[그림 9.17] 수정란 형성에 미치는 미토콘드리아 DNA와 세포핵 DNA

사람의 생식세포인 난자와 정자는 수정 과정을 거쳐 수정란을 형성하게 된다. 세포질이 풍부한 난자는 정자에 비해 그 크기가 더 큰 편이다. 난자에게 접근을 용이하도록 하기 위해 정자는 꼬리 부분을 가지고 있다. 이동에 요구되는 에너지를 제공하는 기능을 수행하는 미토콘드리아는 세포내 '발전소'라 불릴 정도이다. 이는 정자의 꼬리 부분에 위치하고 있으며, 정자의 머리 부분에는 세포핵이 존재하는 것이다. 수정을 위해 정자의 머리 부분만 난자에 들어가므로 생성된 수정란 세포에는 난자 세포의 핵과 정자 세포의 핵이 위치한다. 따라서 수정란의 세포질에 위치한 미토콘드리아는 난자의 미토콘드리아인 셈이다.

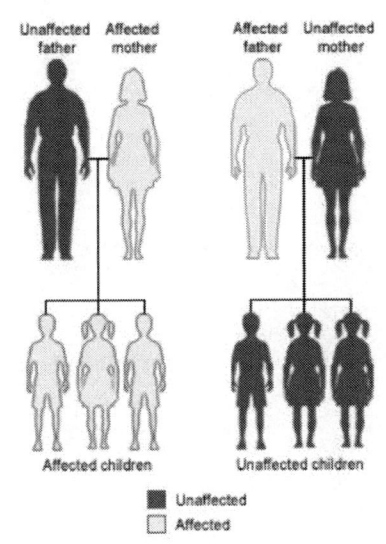

[그림 9.18] 미토콘드리아의 모계 유전 가계도

세포 내에는 리보솜나 골지체와 같은 다양한 소기관들이 존재한다. 그 중 미토콘드리아는 에너지를 발생하는 소기관이며, 세포핵 내 DNA와 별도로 미토콘드리아 자신만의 원형(circular) DNA를 가진다는 특성이 있다. 미토콘드리아 DNA(mt DNA, mitochondrial DNA)는 자가 복제능력이 있어서 세포 내에서 그 개수가 증가할 수 있다.

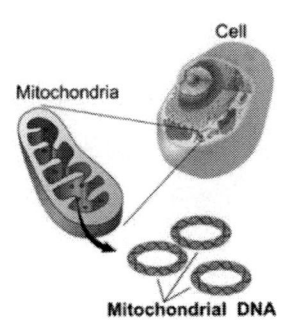

[그림 9.19] 세포 내 미토콘드리아 DNA

'미토콘드리아는 모계 유전'임을 알 수 있는 대표적 사례가 바로 '세부모 아기(three parents baby)'의 탄생 과정이다. 미토콘드리아 DNA에 이상이 있는 미토콘드리아가 세포 내에 많을 경우, 여성은 건강한 아기를 출산하기 어려울 뿐 아니라 출산하다 하더라도 아기의 건강한 생육이 유지되지 못해서 유아기에 사망할 수 있다. 이런 어려움을 예방 및 해결하기 위한 대안책 중 하나가 바로 '세부모 아기' 시술이며, 그 과정은 다음과 같다([그림 9.20]).

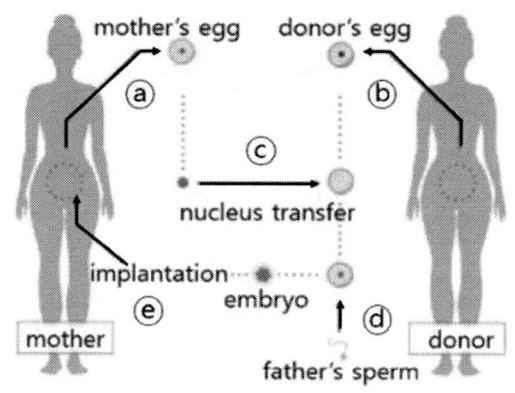

[그림 9.20] '세부모 아기' 탄생 과정 모식도

ⓐ 미토콘드리아 DNA에 결함이 있는 여성(생물학적 모친)의 난자에서 핵을 추출한다.
ⓑ 난자 기증자의 난자에서 핵을 제거한다.
ⓒ 핵을 제거한 기증자의 난자에 생물학적 모친의 추출한 난자핵을 이식한다.
ⓓ ⓒ과정에서 형성한 핵이식 난자에 정자(생물학적 부친)를 주입한다.
ⓔ 형성된 배아(embryo)를 생물학적 모친의 자궁에 착상한다.

위와 같은 과정으로 형성된 수정란의 세포핵에는 생물학적 부모의 유전정보가 담겨 있으며, 수정란의 세포질에는 난자 기증자 여성의 미토콘드리아가 존재하게 되므로 이를 '세부모 아기'라 한다.

3) 물질대사

(1) 생명유지를 위한 화학반응

가장 단순한 세포 속에서도 수많은 화학반응이 일어나고 있다. 생물체 내에서 일어나는 물질대사(metabolism)는 세포 속에서 새로운 물질을 합성하거나 분해하는 데 관여하는 모든 화학반응을 의미한다. 각 반응이 진행되는 동안 원자를 재배열하여 새로운 물질을 만드는데, 이때 에너지를 흡수하거나 방출한다. 생물학 분야에서 물질대사 과정은 에너지 요구를 기준으로 자유에너지 증가반응과 자유에너지 감소반응으로 구분한다.

① 에너지 증가반응

흡열반응(endergonic reaction)에 속하며, 반응의 진행 과정에 에너지 투입이 요구된다. 반응물보다 생성물의 에너지 상태가 더 높아지게 되므로 이를 '합성작용'이라고도 한다. 따라서 간단한 원자나 분자에서 복잡한 분자를 형성하게 된다. 그 대표적인 예로는 식물의 광합성, 인체 내 단백질 합성 등이 이에 해당된다.

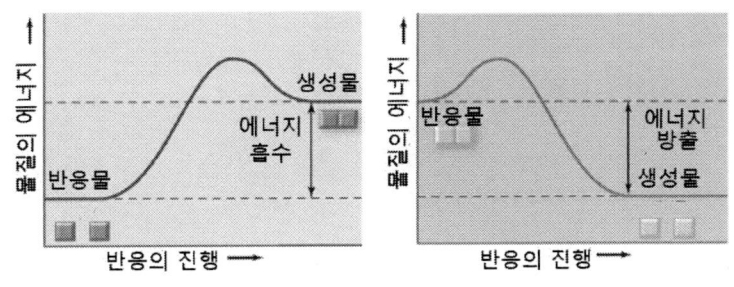

[그림 9.21] 흡열반응(좌)과 발열반응(우)

② 에너지 감소반응

발열반응(exergonic reaction)에 속하며, 반응의 진행 과정에서 에너지가 방출된다. 반응물보다 생성물의 에너지 상태가 더 적어지므로 이를 '분해작용'이라고도 한다. 따라서 크고 복잡한 분자에서 더 작고 간단한 분자나 원자를 형성하게 된다. 그 대표적인 예로는 연소반응이나 생물체 내 소화과정 등이 이에 해당된다.

(2) 항상성

주변 온도는 계절에 따라 또는 주야 시간에 따라 변화하듯이 생물을 둘러싼 외부환경은 계속 변화한다. 더운 날 체내 수분을 충분히 공급할 때도 있고, 그렇지 못할 때도 있다. 그럼에도 불구하고 생물은 체온, 체액, 심박수 및 혈압 등을 일정한 상태로 유지하려 한다. 생물이나 세포가 이러한 내부 안정성 또는 평형 상태를 유지하는 기능을 '항상성(homeostasis)'이라 한다.

생물이 항상성을 유지하기 위한 대표적인 방법은 음성 피드백(negative feedback)으로서 신체에 미치는 이전 상태의 영향을 최소화하거나 감소시키려는 과정이다. [그림 9.22]에 따르면, 초기 상태의 변화가 증가할 경우 발생하는 영향 A(effect A)는 B(effect B)에게 영향을 미치고, 이후 연쇄적으로 B가 받은 영향은 다시 A가 받는 영향을 감소시키는 방향으로 작용한다. 따라서 초기 상태의 변화가 주어진다 하더라도 생물체는 A의 영향이나 기능이 일정한 범위를 벗어나지 않도록 함으로써 항상성을 유지할 수 있다.

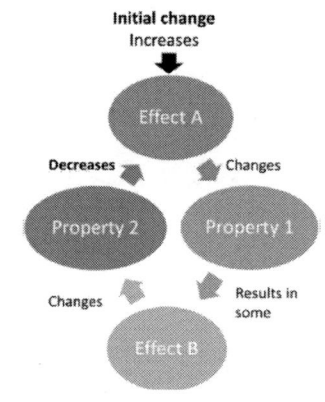

[그림 9.22] 음성피드백 과정

더운 여름철에 인체는 땀을 배출하는 반면, 추운 겨울철에는 모공을 축소해서 피부 표면적을 최소화하며, 간혹 몸을 떨기도 한다. 이는 체온을 일정하게 유지하기 위함이다([그림 9.23]). 또한 수분공급이 충분하기 못할 경우 소변 배출량이 감소되며, 충분할 경우는 그 반대이다. 이는 체액량을 일정하게 유지하기 위함이다.

동물의 신체에서 항상성을 유지하기 위해 많은 작용을 조율하며, 음성피드백에 관여하는 기관은 간뇌의 시상하부이다. 만일 체온이 정상 범위에서 벗어나면, 시상하부는 신체의 열 방출을 촉진하거나 열을 보존하는 방향으로 작용한다. 따라서 항상성이 유지되지 않는다면, 신체는 정상적으로 기능하기 어렵게 되고, 심할 경우 사망에 이를 수 있다.

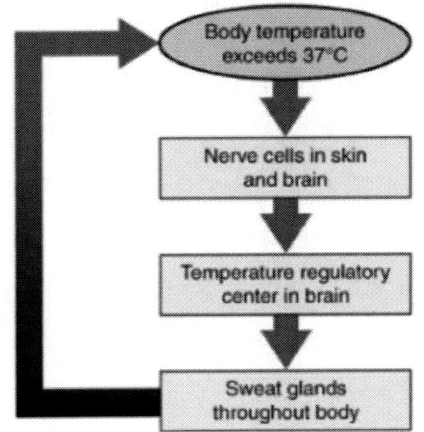

[그림 9.23] 음성피드백에 의한 체온조절

2 감염과 면역

1) 미생물

일반적으로 생물학에서는 지구상의 수많은 생물을 두 가지 유형으로 구분한다. 원핵생물(prokaryote)은 가장 단순하고 오래된 형태의 생물로서 원시적인 핵의 형태를 지니고 있으며, 세균과 고세균이 해당된다. 반면, 진핵생물(eukaryote)은 세포 내 존재하는 핵 이외에도 다양한 기능을 하는 소기관들을 포함하고 있으며, 아메바, 곰팡이, 식물 그리고 동물 등이 해당된다.

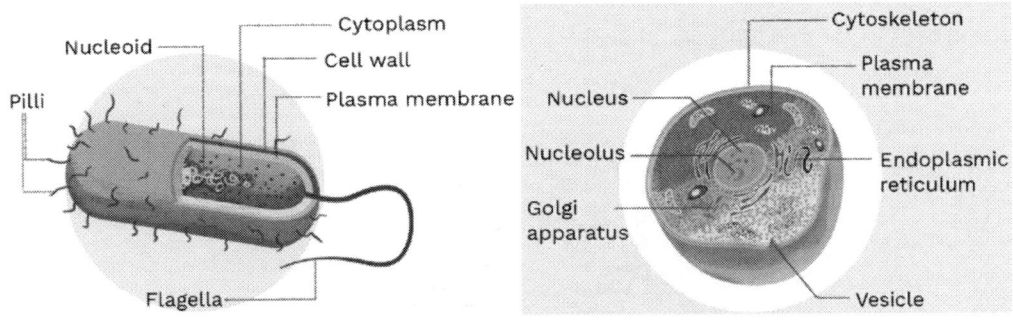

[그림 9.24] 세포의 구조 비교: 원핵생물(좌), 진핵생물(우)

(1) 세균

아마도 인류는 지구상 원핵생물의 극히 일부만을 발견했을 것이다. 공기, 토양 및 인체에도 이름조차 잘 알려지지 않은 미생물들이 있을 정도로 원핵생물은 풍부하고 다양하다. 단세포생물인 세균 세포는 구조적으로 매우 간단하다([그림 9.24, 좌]. 핵양체(nucleoid)는 세포의 원형 DNA(circular DNA)가 위치하고 있는 부위이며, 핵막에 둘러싸여 있지 않다. 세포질에는 단백질 생산에 필요한 효소나 리보솜(ribosome)이 자리하고, 이들을 세포막이 둘러싸고 있다. 세포막은 단단한 세포벽(cell wall)이 감싸고 있어서 세포를 보호한다.

단세포성 생물이 번식하는 직접적인 방식은 자신의 유전물질을 복제한 후 세포 내 물질을 2개의 세포로 나누는 무성생식(asexual reproduction)이다. 간혹 발생하는 돌연변이를 고려하지 않는다면, 무성생식은 부모와 자손세대의 개체가 모두 유전적으로 동일하다. 이와 달리 유성생식(sexual reproduction)은 양쪽 부모로부터 유전물질이 전달되므로 유전적으로 다양한 자손세대의 개체가 발생한다.

(2) 바이러스

일반적으로 바이러스는 세균보다 훨씬 작고 세포의 특성을 보이지 않는 극히 단순한 구조를 가진다. 세포 내 소기관, 리보솜 및 세포질도 가지고 있지 않아서 스스로 물질대사를 수행할 수도 없다. 바이러스는 단지 DNA나 RNA 형태로 자신의 유전물질과 이를 감싸고 있는 캡시드(capsid, 단백질 껍질)로 구성된다([그림 9.25]). 캡시드의 모양에 의해 바이러스의 형태가 결정되기도 하며, 바이러스의 종류를 구분 짓는 특성이 되기도 한다. 일부 바이러스는 지질과 단백질로 이루어진 외피(envelope)를 가지고 있는데, 이는 바이러스가 숙주세포에 침투하는 것을 용이하게 한다.

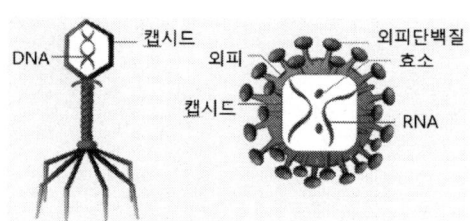

[그림 9.25] 바이러스의 구조: 박테리오파지(좌), 인간면역결핍바이러스(HIV, 우)

바이러스는 물질대사를 하지 않고, 자극에 반응하지도 못할 뿐 아니라 스스로 번식하지 못하기 때문에 대부분의 생물학자들은 이를 생물로 간주하지 않는다. 그럼에도 불구하고 바이러스는 생물과 유사한 특성을 가지고 있는데, 바이러스는 숙주세포의 물질대사 체계를 이용해서 숙주세포 내에서 자신의 유전물질을 복제할 수 있기 때문이다. 그리고 복제 과정에서 돌연변이를 일으키면서 진화하기도 한다.

바이러스의 복제 방법은 세포분열이나 세균의 무성생식과는 다르다. 마치 복제품을 생산하는 공장과 같이 복제와 조립과정을 거친다. 일련의 복제과정을 수행하기 위해서 바이러스는 자신이 기생할 대상이 필요하다. 바이러스에 감염된 숙주세포는 세포의 종류나 생물의 종과 상관없이 바이러스의 복제 과정은 동일하다([그림 9.26]).

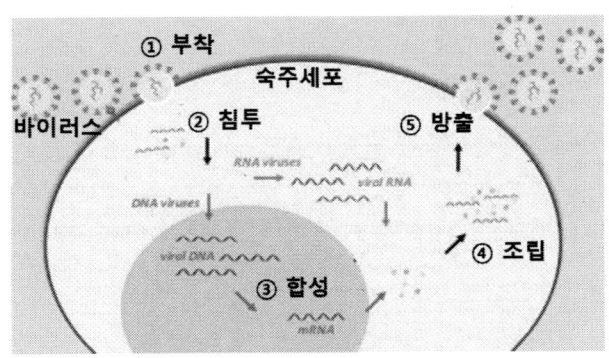

[그림 9.26] 바이러스 복제 과정

(3) 변형 프리온

미국의 화학자인 프루시너(Stanley Ben Prusiner, 1942~현재)는 프리온(prion) 단백질의 변형으로 인해 뇌 질환이 유발될 수 있음을 밝힌 인물이다. 그가 제안한 '프리온'이란 '단백질(protein)'과 바이러스의 단위체인 '비리온(virion)'의 합성어이다.

사실 프리온은 포유류의 뇌 속에 존재하는 정상 단백질로서 아직 정확한 기능이 명백히 알려져 있지는 않다. 최근 연구에 의하면, 뇌에서 장기 기억이 형성될 때 뇌 신경세포 사이에 새로운 연결이 이루어지는데, 이러한 물리적 연결은 장기 기억을 유지하는 데 필요하다. 이에 관련된 물질이 정상 프리온 단백질이다.

나선형(helix)인 정상 프리온 단백질이 알 수 없는 이유로 펼쳐져서 병풍형(sheet)으로 변형되면, 그 구조가 매우 안정적이 되어서 화학약품이나 물리적 방법을 이용하더라도 변성(denaturation)되거나 잘 분해되지 않는다. 이런 변형 프리온이 뇌 조직에 축적될 경우 조직손상과 세포의 사멸을 초래하여 인접한 정상 프리온을 변형 프리온으로 변질시킨다.

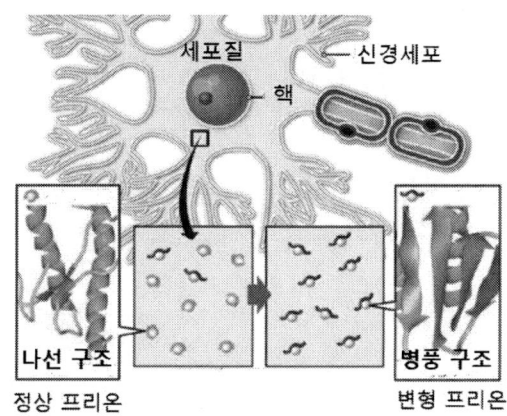

[그림 9.27] 신경세포에 위치한 정상 프리온(좌)과 변형 프리온(우)

발병 원인이 불분명했던 스크래피, 치명적 가족성 불면증, 쿠루병, 광우병 그리고 크로이츠펠트-야콥병과 인간광우병인 변형 크로이츠펠트-야콥병 등이 변형 프리온 관련 질환임이 밝혀졌다.

2) 감염성 질병

(1) 변형 프리온에 의한 질병

① 스크래피

1720년대 영국에서는 우량종의 양을 생산하기 위해 좋은 품종의 양들끼리의 교배를 시도하였다. 그 결과 태어난 새로운 품종의 양들은 다른 양들에 비하여 성장이 빠르고 질 좋은 털을 가졌으며, 질병에도 잘 걸리지 않았다. 몇 년 후, 영국의 이스트앵글리아(East Anglia) 지역에서 이상한 증상을 보이는 양들이 발생하기 시작하였다. 마치 몸이 무척이나 가려운 듯이 나무나 바위에 몸을 비벼대며, 다리에 힘이 풀린 듯 주저앉기도 했다. 당시 양들을 사육하던 낙농업자들은 '비벼대다' 또는 '문지르다'는 뜻의 'scrape'에서 양들의 이상한 증상에 '스크래피(scrapie)'라는 병명을 붙였다. 스크래피는 가려움증으로 시작하여 운동 실조 증상을 보이다가 급기야 사망에 이르는 양이나 염소의 질환인 '전염성 해면상 뇌병증(TSE; Transmissible Spongiform Encephalopathy)'에 해당된다. 이 질환에 감염되어 죽은 양들의 뇌 조직이 광범위하게 파괴되어 스폰지처럼 구멍이 뚫리는 특성을 보였는데, 이는 뇌 신경세포에서 발견되는 단백질의 일종인 프리온(prion)의 변형에 의해 감염되는 것으로 판단된다.

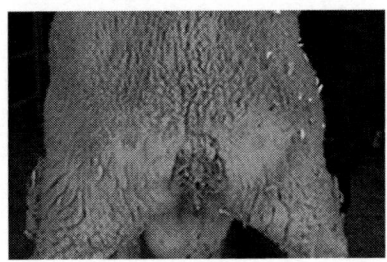

[그림 9.28] 스크래피에 걸린 양의 척추 끝부분

영국 정부는 스크래피가 발생하는 지역에 관한 역학 조사에 나섰고, 그 결과 낙농업자들이 양에게 준 사료에서 문제의 단서를 찾았다. 새로운 우량한 품종의 양을 얻게 된 낙농업자들은 생육이 빠르고 덩치가 큰 양들에게 단백질을 다량 공급할 방법으로 죽은 양의 고기를 사용했던 것이다. 이 사실을 발견한 영국 정부는 낙농업자들이 양에게 양고기 공급하던 일을 전면 중단하도록 명하였다.

② 치명적 가족성 불면증
1765년 11월 유태인 출신의 이탈리아 의사는 '치명적 가족성 불면증(Fatal Familial Insomnia, FFI)'으로 사망한 첫 사례이며, 20세기 후반까지도 그 후손들의 상당수가 비슷한 증세를 보이며 사망했다. 치명적 가족성 불면증의 일반적 증상은 그 병명에서 알 수 있듯이 발병되어 '죽을 때까지 잠들 수 없는 것'이 특징이다. 불면증으로 인해 공황 상태, 환상, 흥분, 체중 감소, 무언증, 치매 등의 증상이 나타날 뿐 아니라 동공의 크기가 바늘구멍 정도로 축소되며, 땀구멍도 축소되기도 한다. 보통 발병 후 1년 이내에 사망하게 된다.

치명적 가족성 불면증의 원인은 프리온 단백질의 변형이다. 변형 프리온이 간뇌 시상하부에 영향을 미쳐 자율신경계에 이상이 발생하게 되는데, 아직까지 이렇다 할 예방법이나 치료법도 없다. 불면증을 다소 해소하기 위하여 수면제를 복용하더라도 잠을 제대로 잘 수 없으며, 심할 경우 혼수상태에 빠지기도 한다. 이 질병의 유전자는 전 세계 28개의 가족이 소유하고 있는데, 상염색체 우성 유전 질환이므로 부모 중 한 쪽이 이 유전자를 가지고 있는 경우 자녀의 유전 가능성은 50%가 된다.

③ 쿠루병

1950년대 파푸아 뉴기니아(Papua-New Ginea) 섬의 한 지역에 살던 원주민 포레(Fore) 부족은 원인 모를 질병에 시달리고 있었다. 공통된 증세로는 운동장애와 근무력증으로 인한 전신 경련, 걸음걸이의 불안정, 지나친 몸 떨림 및 일그러진 표정 등이며, 결국에는 사망하게 된다. 이 질병으로 부족 전체 인구의 약 2%가 매년 죽음을 맞이해야만 했다. 포레 부족은 이 질병을 쿠루병(Kuru disease)라고 불렀는데, 이는 '두려움에 떨다' 또는 '웃으면서 맞는 죽음'이라는 의미이다. 자신의 의지와 무관하게 근육이 움직이기 때문에 마치 환자가 웃는 얼굴인 듯 보이지만 실은 웃는 게 아닌 것이다.

[그림 9.29] 쿠루병이 진행된 8세 소녀(1957)

1957년 쿠루병의 원인을 파악하기 위하여 미국의 의사 가이두섹(Daniel Carleton Gajdusek, 1923~2008)이 뉴기니아로 파견되었다. 그는 그 곳에서 포레 부족과 함께 생활하면서 오랜 시간을 보내던 중 쿠루가 여성과 아이들에게서만 발병된다는 점에 주목하게 되었다. 그러던 어느 날 가이두섹은 그들에게서 엽기적인 장례풍습을 목격하였다. 바로 식인풍습이었다. 쿠루병으로 죽은 한 가장의 장례식을 치룬 후 그의 아내와 아이들은 죽은 사람의 뇌를 먹는 것이었다. 쿠루병에 걸려 죽은 사람의 뇌와 골수를 먹어서 병이 다른 이에게로 전파된 것이라고 판단한 가이두섹은 이 질병의 잠복기가 수년에서 수 십 년이나 된다는 것을 근거로 병의 원인이 '슬로우 바이러스(slow virus)'라고 결론지었다.

④ 광우병(Mad Cow Disease)

1984년 영국의 한 목장에서 이상한 소가 발견되었다. 마치 미친 소처럼 행동하다가 근무력증으로 주저앉는 증상을 보이는 질환이었다. 이상한 증상을 보였던 죽은 소의 뇌는 스크래피로 죽은 양처럼 뇌 조직에 스펀지와 같은 구멍이 뚫려있는 것을 발견하였다. 이는 4~5세의 소에서 주로 발생하는 질환으로 '소해면상 뇌병증(BSE; Bovine Spongiform Encephalopathy)'이라고 한다. 1980년대 중반 축산업자들은 성장과 발육을 촉진시켜 우량한 소를 길러내기 위한 목적으로 죽은 소를 재료로 하여 육골분 사료를 소에게 먹이로 공급하였다. 이 사실을 알게 된 정부는 소의 사료에 육골분 사용을 금지하였다.

[그림 9.30] 광우병으로 일어나지 못하는 소

⑤ 변형 크로이츠펠트-야콥병

1993년 영국에서 한 낙농업자에게서 특이한 질병이 발견되었는데, 주된 증상은 크로이츠펠트-야콥병(CJD; Creutzfeldt-Jakob's Disease)과 유사하게 치매나 정신분열증 같은 정신착란 상태가 나타났다. 크로이츠펠트-야콥병은 독일의 의사 크로이츠펠트(Hans Gerhard Creutzfeldt, 1885~1964)와 야콥(Alfons Maria Jakob, 1884~1931)에 의해 1920년과 1921년에 각각 발견되었는데, 이는 주로 65세 이상의 고령자들에게서 장기간의 치매를 대표적 증상으로 보이는 질환이다. 하지만 크로이츠펠트-야콥병의 증상을 보인 환자는 20대 후반의 젊은이였다는 점이다. 게다가 이 질환으로 1995년 영국에서는 19세의 청년이 사망하는 일이 발생했다. 당시 크로이츠펠트-야콥병에 걸린 20~30대 젊은이들에게는 몇 가지 공통점이 있었는데, 그들은 소를 기르는 일에 종사하였으며, 광우병 발생 지역에서 생산된 쇠고기를 오랫동안 먹었다는 것이다. 이 무렵 영국의 의학전문가위원회는 광우병과의 접촉으로 인간에게 감염될 가능성을 고려하게 되었다. 따라서 소의 광우병이 인간에게 전파되어 새로운 형태의 크로이츠펠트-야콥병을 초래했다는 결론을 지으며, 이를 '변형 크로이츠펠트-야콥병(vCJD, variant Creutzfeldt-Jacob's Disease)' 또는 '인간 광우병'이라 이름지었다(1996). 주로 고령자에게서 발생되는 종래의 크로이츠펠트-야콥병은 발병에서 사망까지 약 4개월의 기간이 소요되는 것과 달리 변형 크로이츠펠트-야콥병은 주로 18~41세까지의 비교적 젊은 연령층에게서 발생하여 발병에서 사망까지의 기간은 약 1년이었으며, 병의 원인으로 추정되는 변형 프리온이 뇌 전체에 퍼져있는 양상을 보였다. 잠복기가 약 10~40년으로 매우 긴 편인 이 병은 광우병과 마찬가지로 뇌 신경세포가 죽어 스펀지처럼 뇌에 구멍이 뚫려 결국 사망하게 되는데, 감염 초기에 기억력 감퇴와 감각 부조화 등의 증세를 나타내다가 급기야 평형감각의 둔화와 치매 증상을 드러냈다. 세계보건기구는 인간광우병이 21세기에 가장 위험한 전염병이 될 수 있다고 경고하기도 했다.

(2) HIV에 의한 질병

1981년 6월 미국에서는 이전에 볼 수 없던 특이한 환자들이 출현하였는데, 이들 5명은 모두 건강한 남자로 원인불명의 폐렴 증상을 앓다가 이들 중 2명이 사망하였다. 그런데 이들에게는 같은 증상이라는 점 이외에도 한 가지 공통점이 있었는데, 남성 동성애자라는 것이다. 병명은 '에이즈(AIDS; Acquired Immune Deficiency Syndrome)'였다.

현재 전세계 에이즈 감염자는 대략 3천 5백만 명 정도에 이른다. 프랑스 파스퇴르 연구소는 에이즈 초기 단계인 환자의 세포에서 에이즈 질병을 유발할 것으로 추정되는 물질을 추출한 후 바이러스가 있다는 것을 발견하였다. 이를 토대로 1983년 에이즈는 바이러스에 의해 발생되는 질병임이 밝혀졌다. 이듬해 1984년 에이즈의 원인이 되는 인간 면역결핍바이러스(HIV, Human Immunodeficiency Virus)를 분리하였는데, 이는 침팬지에게서 발견되는 원숭이 면역결핍바이러스(SIV; Simian Immuno- deficiency Virus)가 인간에게 전염되면서 HIV로 변종된 것으로 판단했다.

일반적으로 HIV의 대표적인 특징은 잠복기가 길다는 것, 세포의 핵 내 DNA에 침입한 HIV가 증식하는 동안 변이를 일으키는 것 그리고 사람의 체액 내에서 생존한다는 점이다. 따라서 이 바이러스는 혈액, 정액 또는 모유를 통해서 감염되지만 침, 눈물이나 소변 등은 HIV가 희석된 상태이므로 이로 인한 감염확률은 매우 적다. 감염된 후 에이즈 질병의 증세가 나타나기까지는 성인의 경우 평균 10년 정도 걸린다. 그리고 에이즈 증세가 나타나기 전에는 감염 여부를 알 수 없을 뿐 아니라 대부분 건강상의 특이할 만한 이상 증세도 나타나지 않는다. 따라서 감염자도 자신의 감염 사실을 알기 힘들기 때문에 또 다른 전염의 매개체가 될 수도 있다.

긴 잠복기 동안 HIV는 인체에 기생하면서 감염자의 면역기능을 담당하는 T 세포를 파괴하고, 인간의 면역능력을 저하시켜서 폐렴이나 암 등을 유발하여 결국에는 사망에 이르게 한다. 한 해 새로이 발견되는 HIV 감염자 수는 270만 명 정도이며, 지금까지 3,000만 명이 에이즈(AIDS, acquired immune deficiency syndrome)로 사망한 것으로 추산되는데, 1995년 양성 판정을 받은 후 2010년 12월에는 에이즈 첫 번째 완치 환자가 등장하기도 했다.

최근에는 HIV에 감염되었다 하더라도 잠복기 동안 HIV의 감염 여부를 알게 될 경우, 꾸준히 치료를 받으면 면역력을 적절히 유지하여 에이즈로 발전할 가능성을 낮출 수 있다. 그러나 아직까지 HIV의 완치는 불가능하며, 일정한 면역력 유지를 위하여 항HIV 약제의 지속적 투여에 따른 부작용이 문제이다.

3) 면역의 형성

인체는 감염이나 손상, 암 등에 대해 적극적으로 대항하고 방어함과 동시에 이를 담당하는 면역계는 바이러스, 미생물 또는 암세포 등을 공격한다. 뿐만 아니라 이전에 감염된 적 있는 물질에 대해 신속한 반응을 보임으로써 인체를 공격하는 물질들을 무력화 시킨다. 백신은 인체에 침입한 질병 유발 물질들에 대해 면역계를 더욱 견고히 마련한다. 이와 같이 면역을 담당하는 기관은 다름 아닌 혈액 내 백혈구이다. 보통 백혈구는 다섯 종류(호중구, 호염구, 호산구, 림프구, 단핵구)로 구분되며, 이들은 인체의 방어에 기능한다.

림프구에는 두 종류, B 세포(B cell)와 T 세포(T cell)가 있다. B 세포는 골수(bone marrow)에서 생성 및 성숙 과정을 거쳐 림프와 혈액으로 이동하는 반면, T 세포는 골수에서 생성된 후 흉선(thymus, 가슴샘)에서 성숙 과정을 거쳐 인체 전체로 이동한다. 이 외에도 NK세포(natural killer cell)은 바이러스에 감염된 세포나 암세포를 공격하는 선천성 면역 반응을 담당한다. '선천성 방어(innate defense)'라고도 하는 선천성 면역은 모든 감염물질에 대해 광범위하고 비특이적 방어를 한다. 이는 체내에 항상 존재하고 기능하고 있다는 의미이다.

반면에 후천성 면역(adaptive immunity)는 체내 면역세포가 감염물질의 특정 부위인 항원을 인식하고 감염된 기억을 하게 된다. 후천성 면역의 표적인 항원은 B 세포와 T 세포의 반응을 자극하며, 그 결과 항체(antibody)를 생성하게 된다([그림 9.31]).

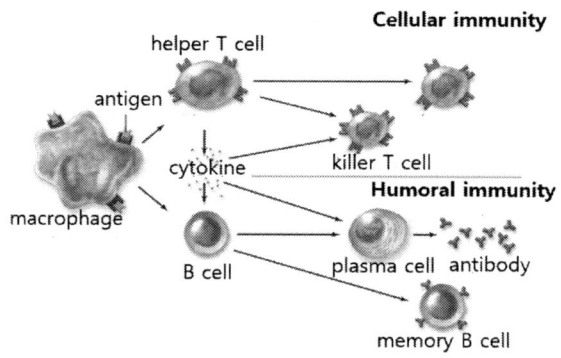

[그림 9.31] 후천성 면역 형성의 과정

항체는 특정 항원을 인식할 수 있는 단백질이며, 그 모양은 마치 Y자와 같다. 이는 마치 효소-기질 복합체와 같이 특정 항체는 특정 항원에만 반응한다.

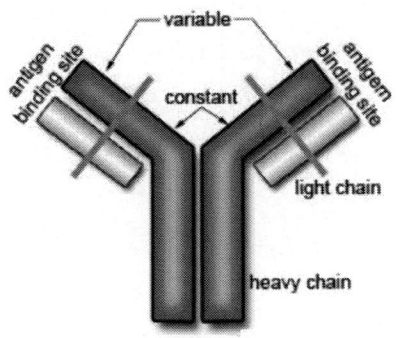

[그림 9.32] 항체의 구조

10장.
물질의 과학

1 원자로 이루어진 세상

1) 원자론: 더 이상 쪼개지지 않는다

'화학적 원자설의 창시자'라고 하면 단연 영국의 과학자 돌턴(John Dalton, 1766~1844)을 기억할 것이다. 그는 고대 그리스 학자인 데모크리토스의 원자론을 화학적으로 부활시키는 데 공헌하였을 뿐 아니라 이를 '돌턴의 법칙'으로 발표하였다. 돌턴은 최초의 원자 모형을 '단단한 공 모형'으로 제시한 인물로 잘 알려져 있다. '원자(atom)란 더 이상 쪼개지지 않은 가장 작은 입자'라는 의미로서 이는 고대 과학자인 데모크리토스가 만물의 근원은 가장 작은 알갱이 '$ατομοσ$(atomos)'로 이루어져 있다는 생각에 그 근거를 두고 있다.

돌턴은 질량보존의 법칙(Law of conservation of mass)과 일정성분비의 법칙(Law of definite composition)이 모순되지 않도록 설명하기 위해서 '만물이 원자로 구성되었다'는 원자론을 제창했다. 하지만 그의 원자론 일부에 오류가 발견되자 수정되어야만 했다. 다음은 돌턴의 원자론과 현대의 원자론을 비교한 것이다.

돌턴의 원자론	현대의 원자론
(1) 원자는 더 이상 쪼개질 수 없다.	(1) 원자는 양성자, 중성자, 전자 등으로 쪼개진다.
(2) 같은 원소의 원자는 같은 크기, 같은 질량 및 같은 성질을 가진다.	(2) 동위원소는 같은 원소의 성질은 거의 같지만, 질량은 다르다.
(3) 원자는 다른 원자로 바뀔 수 없으며, 없어지거나 생겨날 수 없다.	(3) 핵반응을 통해서 원자는 다른 원자로 바뀔 수 있다.
(4) 화합물은 두 종류 이상의 원자가 모여서 이루어지며, 간단한 정수비로 결합한다.	(4) 수정할 필요 없다.

당시 질량보존의 법칙과 일정성분비의 법칙은 반복적인 실험에 의해 증명되었다. 돌턴은 이들을 설명하려는 이론 개발을 시도했다. 생물이 호흡할 때 또는 물질이 연소될 때 발생하는 이산화탄소(CO_2) 기체는 탄소와 산소의 질량비 $12:32 = 3:8$로 결합하여 생성된다. 그는 탄소 : 산소의 질량비가 $12:16 = 3:4$로도 반응하여 일산화탄소(CO)가 형성된다는 것도 발견하였다. 돌턴은 이와 같이 다양한 법칙을 설명하고자 자신의 원자론을 근거로 '배수비례의 법칙(Law of multiple proportions)'을 발표했는데, 이는 원자론을 뒷받침하는 데 성공했을 뿐 아니라 이후 분자설로 이어지는 기초가 될 수 있었다. 이는 '두 종류의 원소가 화합물을 형성할 때, 두 원소의 질량 사이에는 항상 간단한 정수비가 성립한다'는 내용으로서 '원소들은 한 가지 이상의 비율을 가질 수 있다'는 의미이다.

당시 프랑스의 화학자 게이뤼삭(Joseph Louis Gay-Lussac, 1778~1850)이 발견한 '기체반응의 법칙(Law of gaseous reaction)'은 돌턴이 주장한 원자설과 일부 일치되지 않는 부분이 있었는데, 그러한 이유로 돌턴과 게이뤼삭의 사이는 그다지 좋지 않았다고 한다. 기체반응의 법칙은 '같은 온도와 같은 압력에서 두 기체가 반응할 때, 반응하는 기체와 생성되는 기체의 부피 사이에는 간단한 정수비가 성립한다'는 내용을 담고 있다.

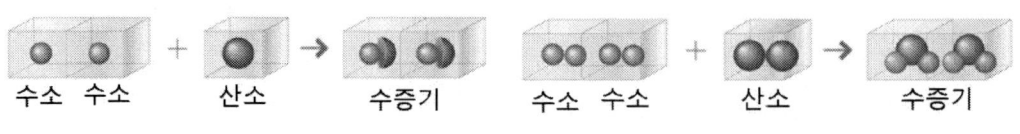

원자 개념 　　　　　　　　　　　분자 개념
[그림 10.1] 수소와 산소가 결합해서 물을 생성하는 반응

돌턴의 원자론 중 '원자는 더 이상 쪼개질 수 없다'는 내용을 기체반응의 법칙에 적용해 보자. [그림 10.1]의 원자 개념에 따르면, 수소 원자 2개와 산소 원자 1개가 반응해서 수증기를 생성한다. 이 반응을 완성하기 위해서 산소 원자가 절반으로 쪼개져야 한다는 것이다. 이와 같이 돌턴의 원자론은 기체반응의 법칙과 상충된다는 것을 알 수 있다. 이를 해결하기 위해 등장한 것이 아보가드로(Amedeo Avogadro, 1776~1856)의 '분자설(1811)'이다.

2) 원자 구조

원자핵의 크기는 우리의 상상 그 이상으로 작지만, 핵이 원자 질량의 대부분을 차지하므로 원자핵의 밀도가 믿을 수 없을 만큼 크다는 것을 알 수 있다. 가령 부피 $1cm^3$를 차지한 물의 질량은 $1g$이고, 금은 $19g$이지만, 순수한 원자핵의 질량은 1억 t 그 이상이 된다. 더 놀라운 것은 원자핵의 크기와 밀도만이 아니라 원자핵이 가지고 있는 엄청난 양의 에너지이다. 원자핵의 부피는 핵을 제외한 나머지 공간, 즉 전자가 회전하고 있는 공간에 비해서 무시해도 될 정도로 적은데, 원자의 반지름이 약 $10^{-8}cm$인 정도에 비하여 원자핵의 반지름은 약 $10^{-13}cm$에 불과하다. 이는 원자핵의 밀도가 매우 높다는 의미이다.

(1) 원자핵

원자는 물질을 구성하는 기본 요소라는 사실을 바탕으로 영국의 물리학자인 톰슨(Joseph John Thomson, 1856~1940)은 최초로 '전자(electron)'를 발견한 업적으로 잘 알려져 있다. 그는 [그림 10.2]과 같은 진공관을 준비하여 그 안에 음극과 양극을 설치한 후 전기를 통하게 하면, 음극에서 양극 쪽으로 이동하는 그 무언가를 관찰할 수 있었다. 톰슨은 이것이 질량이 있고, 음전하를 띠고 있을 뿐 아니라 원자를 구성하는 입자라고 판단하였다. 그는 원자가 전기적으로 중성이어야 한다고 생각했으므로 음전하를 띠는 입자 이외에도 원자 내부는 양 전하를 띠고 있을 것이라 추측했다. 이는 양전하의 전체 전하량과 동일한 양으로 음전하인 전자가 균일하게 분포하고 있는 모습이 마치 백설기 떡 안에 박혀있는 건포도와 같다는 의미의 '플럼 푸딩 모형(plum pudding model)'이다. 더는 쪼개질 수 없다는 원자도 쪼개질 수 있다는 의미이다.

[그림 10.2] 톰슨의 진공관

평소 톰슨의 '플럼 푸딩 모형'에 관심이 많았던 러더퍼드(Ernest Rutherford, 1871~1937)는 실험을 통하여 원자를 구성하는 물질들과 그 분포 정도를 알아보고자 얇은 금속박에 α선의 진행 경로를 조사하였다([그림 10.3]). 그 결과 대부분의 α 입자들은 금속박을 통과하였는데, 이 과정에서 그는 α 입자가 전자와 충돌하여도 전자에 비하여 질량이 훨씬 더 크기 때문에 α 입자가 직진하는 것을 알 수 있었다. 그렇지만 몇몇의 α 입자는 그의 예상과 달리 매우 큰 각도로 산란되는 사실을 발견하였다. 이는 톰슨의 원자모형으로는 설명하기 어려웠다. 즉 '대부분의 α 입자들이 통과할 수 있다'는 것은 금속박을 구성하는 원자의 상당 부분의 밀도가 낮다는 것을 의미하지만, '몇몇 α 입자들이 산란되어 튕겨 나온다'는 것은 비록 원자의 작은 부분이지만 그 밀도가 높다는 의미이다.

러더퍼드는 산란되는 α 입자들을 발견한 실험 결과를 설명하기 위해 새로운 원자모형을 만들었다. 물질은 보이는 것과 달리 균일하지 않을 뿐 아니라 그 무엇인가가 밀집된 작은 영역과 비어있는 넓은 영역이 있어야 했다. 휘어져 산란되었던 α 입자를 설명하려면 원자 질량과 양전하는 원자의 전체 크기에 비해 무척 작아야 한다는 것이다. 러더퍼드는 원자의 중심부의 무거운 입자를 '원자핵'이라 명명하고, 원자의 대부분은 빈 공간으로 이루어져 있지만, 원자 내부는 밀도가 높은 핵이 존재하며 그 주위를 전자가 돌고 있다고 추측하여 '+ 전하를 띤 원자핵 주위를 전자가 돌고 있는 새로운 원자 모형(행성모형)'을 제시하게 되었다(1911년).

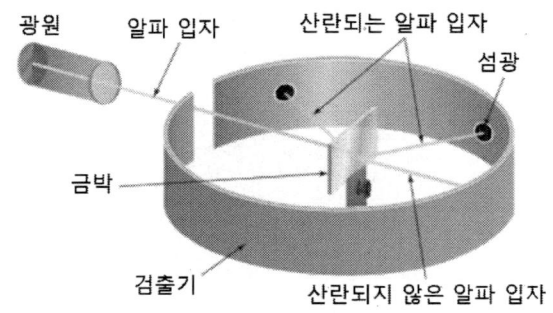

[그림 10.3] 러더퍼드의 실험: 산란되는 α 입자들

'핵물리학의 아버지'라 불리는 러더퍼드는 질소 원자핵에 α 입자를 조사하여 인공 핵전환 실험을 하였고, 나아가 자신의 제자 채드윅(James Chadwick, 1891~1974)과 함께 질량이 상대적으로 가벼운 원소들(붕소(B)에서부터 칼륨(K))의 원자 핵반응 실험을 수행하기도 했다. 그러던 중 수소(^1H)로부터 질량이 더 무거운 중수소(^2H)의 존재를 예측한 후 삼중수소(^3H)에 대한 연구를 계속하였다.

영국의 물리학자 채드윅은 제2차 세계대전 중에 원자폭탄을 제조하는 연구 맨해튼 프로젝트의 영국 팀 수장에 참여하기도 했다. 그렇지만 그를 과학사에 기억될만한 인물로 만든 것은 바로 '중성자(neutron)'의 발견일 것이다. 당시 그의 스승 러더퍼드는 질소 원자핵에 α 입자를 조사하여 질소 원자핵을 인공적으로 파괴시키는 핵전환 실험에 성공할 즈음이었고, 채드윅은 다른 질량이 비교적 가벼운 원소를 α 입자로 충돌시켜 원자핵의 구조를 규명하는 연구에 전념하였다. 그는 러더퍼드와 함께 원자핵의 하전을 측정하기 위하여 α 입자 산란에 대한 연구를 통하여 핵 하전수가 원자 번호를 의미한다는 것을 입증할 수 있었다. 또한 양성자의 질량과 거의 같지만 어떠한 전하도 갖지 않아 전기적으로 중성인 중성자를 발견하였다(1932). 이 업적으로 인해 스승에 이어 제자 채드윅은 노벨 물리학상을 수상하게 되었다.

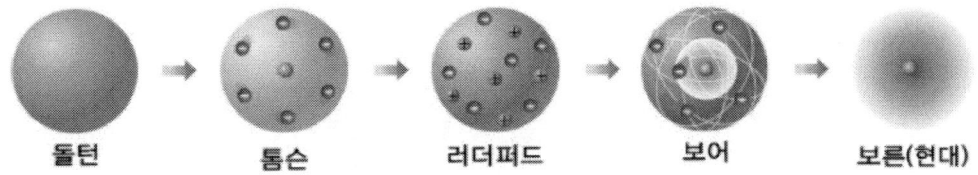

[그림 10.4] 원자모형의 변천 과정

(2) 아원자 구조

① 양성자와 중성자

양성자와 중성자의 질량은 각각 $1.67262 \times 10^{-24} g$와 $1.67493 \times 10^{-24} g$으로 거의 같다. 이런 작은 질량들은 탄소 원자질량의 1/12로 정의되는 원자질량단위(atomic mass unit, amu)로 표현된다. 이에 따르면 양성자는 1.0073 amu이며, 중성자는 1.0087 amu이지만, 전자는 $0.000091 \times 10^{-24} g$로 0.00055 amu에 해당된다.

전하를 띠지 않는 중성자와 달리 양성자와 전자는 서로 반대 전하를 띠고 있는데, 양성자 전하는 +1이고, 전자의 전하는 -1이다. 전하는 반대이지만 이 둘의 크기는 같기 때문에 두 입자가 동일한 개수로 존재할 경우 전하는 상쇄되어 전기적으로 '중성'이 된다.

화학반응에서 원자는 종종 전자를 잃거나 얻기도 하는데, 전하를 띤 입자인 이온(ion)을 만들기도 한다. 따라서 주변 원자와 어떠한 반응도 하지 않은 원자는 양성자의 수와 전자의 수가 동일하므로 중성이다.

② 원소

어떤 원자가 특정 원소로 인식되어 원자 번호를 갖게 되는 것은 바로 원자핵 내 위치하는 양성자의 수이다. 예를 들어 6개의 양성자 수를 가진 원자는 원자 번호 6번이며, 탄소 원자이다. 92개의 양성자 수를 가진 원자는 원자 번호 92번이며, 우라늄 원자이다. 이처럼 원자의 핵 속에 있는 양성자의 수가 특정 원소를 결정짓게 되므로 양성자 수가 다르면 다른 원소이다.

원소의 주기율표는 원자 번호에 따라서 원소들이 배열되어 있으며, 각 원소는 1개 또는 2개의 문자로 축약된 화학기호(element symbol)로 표기한다.

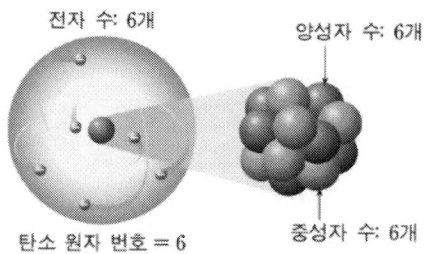

[그림 10.5] 탄소 원자: 양성자 수 6, 중성자 수 6, 전자 수 6

③ 동위원소

모든 탄소 원자는 6개의 양성자를 가진다. 그렇다고 하더라도 모든 탄소 원자가 동일한 수의 중성자를 갖는 것은 아니다. 자연계에 존재하는 모든 탄소 원자들은 6개의 양성자를 가지지만, 각각 6, 7, 8개의 중성자를 가질 수 있다. 따라서 탄소 원자는 중성자 수에 따라 원자 질량이 달라진다. 양성자 수는 같지만 중성자 수가 다른 원자를 '동위원소(isotope)'라 하며, 원자에서 양성자 수와 중성자 수의 총합을 질량수(mass number)라 한다.

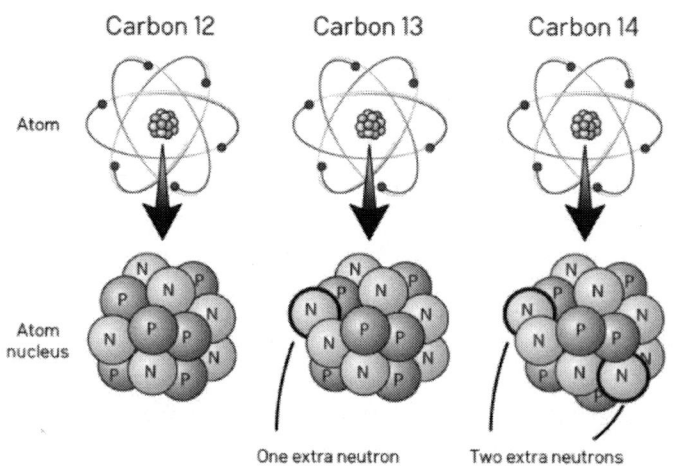

[그림 10.6] 탄소 동위원소

일반적으로 원자번호가 적은 원소는 양성자 수와 중성자 수가 동일한 편이다. 이럴 경우 원자는 꽤 안정한 편다. 자연 상태에 존재하는 대부분의 원소들은 양성자 수보다 중성자 수가 더 많은데, 이런 원소들은 상대적으로 불안정하므로 다른 원소로의 변신을 시도하게 된다. 이를 '방사성 붕괴(radioactive decay)'라고 하며, 방사성 붕괴를 하는 원소를 '방사성 동위원소(radioisotope)'라고 한다. 붕괴 과정에서 해당하는 원소는 α 입자, β 입자 또는 γ 입자 중 한 가지 이상의 에너지(방사선)를 방출하게 된다. 우리는 항상 방사선에 노출되는데, 태양과 우주 밖에서 전해지는 우주선(cosmic ray), 그리고 공기, 흙, 물 등에 있는 자연 동위원소로부터 오는 방사선이 해당된다. 이와 같이 항상 존재하는 방사선을 '배경 방사선(background radiation)'이라고 한다.

해로운 효과는 방사선과 생물체의 세포 간의 상호작용에서 발생된다. 원자나 분자로부터 전자를 분리시켜 이온으로 만드는 방사선을 '전리 방사선(ionizing radiation)'이라고 한다. 핵 방사선이나 X선(X-ray)이 이에 해당한다. 방사선이 생물체의 세포에 초래하게 되는 화학적 변화는 대단히 파괴적인데, 이는 정상적인 화학과정을 방해하여 살아있는 세포와 조직을 변형시킨다.

2 원소주기율표

1) 주기율과 주기율표

러시아의 화학자 멘델레예프(Dmitrii Ivanovich Mendeleev, 1834~1907)는 몇몇 원소들의 성질이 비슷하다는 것을 알게 되었다. 상대적 질량의 증가 순으로 원소를 배열하면, 규칙적인 패턴이 반복된다는 것이었다. 이를 정리한 것이 멘델레예프의 주기율표이다. 그는 비슷한 성질의 원소들을 같은 세로 줄(group, 족)에 배열하는 과정에서 빈 칸을 남겨두었다. 이는 미완성인 주기율표가 아닌 아직 발견되지 않은 원소를 위한 자리였던 것이다. 멘델레예프는 언젠가는 발견될 원소의 성질을 예측했다는 말이다. 이러한 그의 예측은 놀라울 정도로 성공적이었다. 갈륨(Ga, 1875), 스칸듐(Sc, 1879), 게르마늄(Ge, 1866) 등 3원소의 성질은 그 예언과 정확하게 일치했다. 오늘날 우리가 사용하는 주기율표에는 118개의 원소가 배열되어 있고, 그를 기념하기 위해 주기율표에서 101번째 원소에는 '멘델레븀(Md)'이라 명명하였다.

주기율표에 위치한 원소들은 세 종류, 금속, 비금속 그리고 준금속으로 분류할 수 있다. 금속은 주기율표의 왼쪽에 위치하며, 서로 비슷한 성질을 가진다. 비금속은 주기율표의 오른쪽 상단에 위치하며, 금속과 비금속 사이에 대각선 부위에는 준금속이 있다.

주기율표의 각 원소들의 위치를 바탕으로 그들의 성질이 예측 가능한 전형 원소(main group element, 주족 원소)와 예측이 쉽지 않은 전이 원소(transition element, 전이 금속)로 구분할 수도 있다. 전형 원소는 숫자와 문자 A로, 전이 원소는 숫자와 문자 B로 표시한다. 주기율표의 전형 원소가 배열된 열(세로줄)은 '족(family, 또는 group)'이라 하며, 같은 족에 위치한 원소들은 비슷한 성질을 나타낸다.

1A족 원소들은 알칼리 금속(alkali metal)이라 하며, 반응성이 매우 크다. 2A족 원소들은 알칼리 토금속(alkaline erath metal)이라 하며, 1A족 원소들 만큼은 아니지만 반응성이 큰 편이다. 7A족 원소들은 반응성이 큰 비금속이며, 할로겐(halogen)이라 한다. 영족 기체는 8A족 원소들로서 화학적으로 매우 안정된 전자 배열을 하고 있어서 비활성 기체(noble gas)라고도 한다.

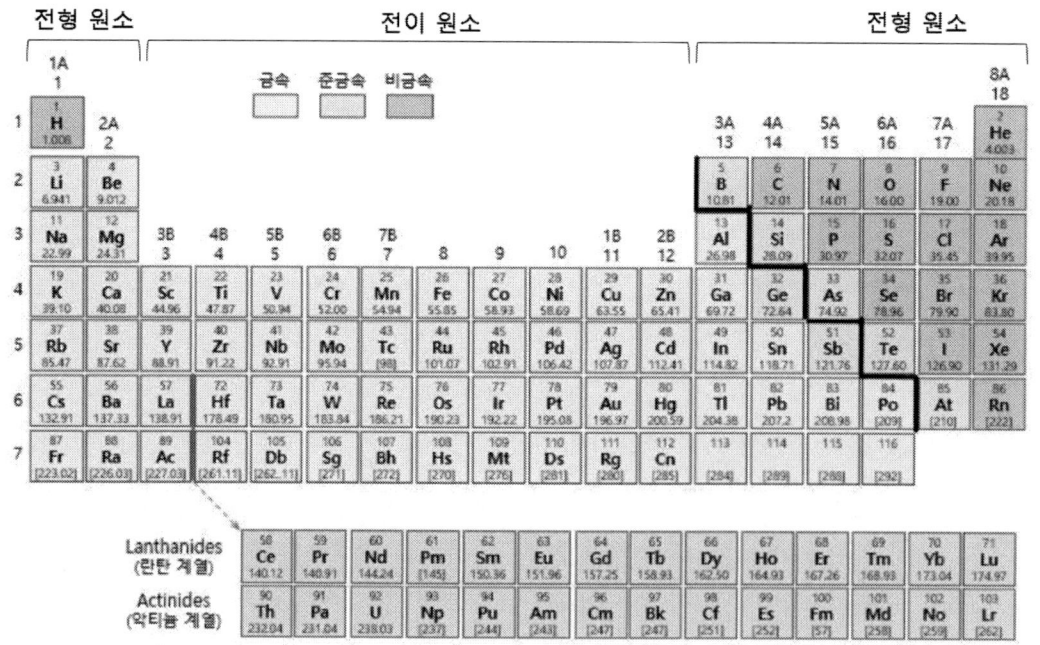

[그림 10.7] 주기율표

주기율표 상에서 많은 주족 원소들은 다른 원자와 반응할 때 얼마나 많은 전자를 잃을지 또는 얻을지를 예측할 수 있다. 주족 원소 1A에서 8A까지 원소들의 열은 각 원소의 원자가전자(valence electron)의 수를 나타낸다. 예를 들어 7A족 원소인 불소(F)는 8A족과 가까이에 위치하고 있다. 불소가 다른 원자와 반응해서 이온화될 때, 이는 총 8개의 원자가전자를 가진 원소 네온(Ne)과 같이 되고자 하므로 1개의 전자를 얻으려고 한다. 이러한 원리에 따라 1A족은 전자 하나를 잃고 +1 이온을 형성하려고 하며, 2A족은 전자 두 개를 잃고 +2 이온을 형성하려는 경향이 강하다.

2) 전자의 배치

주기율표에 위치한 원소들의 성질에 대해 설명해 주는 대표적인 두 가지 모델은 보어 모델(Bohr model)과 양자역학 모델(quantum-mechanical model)이다. 이들은 원자 내 전자들이 어떻게 위치하고 있으며, 원자의 물리적 및 화학적 성질에 어떤 영향을 미치는지 알려준다. 이러한 원자 모형은 물리학에서 혁명을 가져오게 되었고, 보어(Niels Bohr, 1885~1962), 슈뢰딩거(Erwin Schrödinger, 1887~1961), 아인슈타인(Albert Einstein, 1879~1955)도 당황할 정도였다고 한다.

[그림 10.8] 방출 스펙트럼

(1) 보어 모델

원자가 열이나 빛, 전기 등의 형태로 에너지를 흡수할 때, 원자는 종종 흡수한 에너지를 빛으로 다시 방출한다. 원자에 의한 빛의 흡수나 방출은 원자 내 전자와 빛의 상호작용에 의한 것이며, 주어진 원소의 원자들은 독특한 빛을 방출한다. 수소 원자는 분

홍빛을, 나트륨 원자는 노란빛을 방출하는데, 각 원자는 몇 가지 독특한 파장(색깔)을 포함한다는 것을 알 수 있다. 수은, 나트륨, 헬륨, 수소를 가열하여 방출되는 빛이 프리즘을 통과하면, 그 구성과 파장으로 구분할 수 있다. [그림 10.8]의 원소들은 연속적이지 않다. 이들은 특정 파장에서 밝은 선을 이루며, 그 공백은 검은색이다. 반면 백색광(태양) 스펙트럼은 연속적인데, 빛의 세기가 전체 가시광선 영역에 걸쳐 공백 없이 방출된다는 것을 말한다. 이러한 결과를 방출 스펙트럼(emission spectrum)이라 한다.

원자에서 빛의 방출은 원자 내에 있는 전자의 운동과 관련되므로 원자에 전자들이 어떠한 배치를 이루고 있는지에 대해 알아보기 위해서 스펙트럼을 이해해야 한다. 그렇다면 왜 원자들은 백색광과 달리 연속적인 스펙트럼을 방출하지 않을 것일까? 이를 설명하기 위해 보어가 주장한 모델을 보어 모델이라 한다.

그에 따르면, 태양 주위 행성들의 공전궤도와 마찬가지로 전자들은 원자핵 주위를 따라 계속해서 움직인다. 태양-행성 간의 관계와 차이점이 있다면, 원자의 전자들은 핵으로부터 일정하고 고정된 거리에 위치하면서 궤도를 돌고 있다는 것이다.

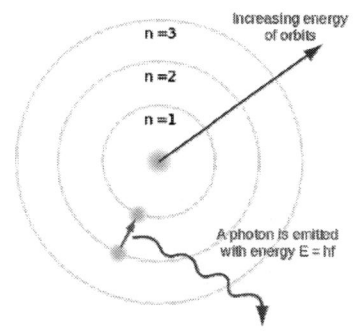

[그림 10.9] 에너지 흡수와 방출

n=1, 2, 3…으로 표현하는 각 보어 궤도인 전자 궤도는 전자의 운동을 보여주는 원형 경로로서 원자핵으로부터 일정한 거리에 위치하고, 일정한 에너지를 갖는다. 전자 궤도 사이에는 전자가 존재하지 않으며, 에너지는 불연속적이다. 가령, n=2 궤도에 위치한 전자는 원자핵으로부터 떨어져 있고, n=1에 위치한 전자보다 더 많은 에너지를 갖는다. 하지만 두 궤도 사이의 중간에 전자는 위치할 수 없으므로 중간 에너지도 가질 수 없다. 이를 '양자화(quantized)'되어 있다고 한다.

원자가 에너지를 흡수할 경우, 고정된 보어 궤도 중 하나에 있는 전자는 들뜨게 되거나(excited) 핵으로부터 더 멀리 떨어져 위치한 궤도로 이동하므로 에너지가 더 높아진다. 이러한 새로운 전자 배치를 한 원자는 비교적 안정되지 않은 상태이므로 전자는 다시 서둘러 되돌아가거나 더 낮은 에너지 궤도로 옮겨가면서 안정한 상태에 이른다. 이때 두 궤도 사이의 에너지 차이에 해당하는 특정한 양의 에너지를 포함하는 광자, 즉 에너지 양자(quantum)를 방출한다. 광자가 지닌 에너지양은 그 파장과 관련되므로 광자는 특정 파장을 가진다.

따라서 들뜬 상태의 원자에서 방출되는 빛은 특정 파장에서 특정한 선을 만들며, 각각 두 궤도 사이의 특정한 전이와 일치한다. 그리고 멀리 떨어진 궤도 사이의 전이보다 서로 가까이에 있는 궤도 사이의 전이가 더 낮은 에너지인 긴 파장을 방출한다. 예를 들어 수소 방출 스펙트럼에서 486nm에 있는 선은 n=4 궤도에서 n=2 궤도로 떨어지는 전자와 일치한다.

수소 방출 스펙트럼의 선들을 예측한 보어 모델은 하나 이상의 전자를 포함하는 원소들의 방출 스펙트럼은 예측하지 못했다.

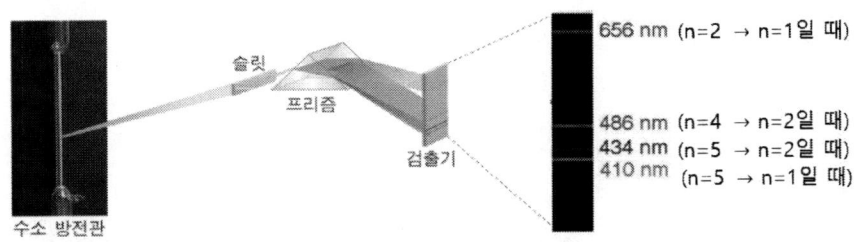

[그림 10.10] 수소 방출 선

보어 모델을 정리하면 다음과 같다. 전자는 원자핵 주위를 일정한 궤도에서 계속해서 회전하고 있으며, 전자는 모든 에너지를 가질 수 있는 것이 아니라 불연속적인 에너지 값을 가지는 안정한 상태에만 존재할 수 있다. 만일 전자가 자신의 궤도에서 다른 궤도로 이동할 때에는 두 궤도 간의 에너지 차이를 위해 에너지를 흡수하거나 방출해야 한다. 즉 에너지 준위(level)가 낮은 궤도에서 에너지 준위가 높은 궤도로 전자가 이동할 때에는 에너지를 흡수해야 하고, 반대의 경우에는 에너지를 방출해야 한다([그림 10.9]).

보어의 모델에서 가리키는 전자 궤도는 흔히 '전자껍질(shell)'로 불리며, 원자핵에서 가장 가까운 첫 번째 전자껍질에 K, 두 번째 전자껍질에 L, 그리고 세 번째와 네 번째 껍질에 각각 M과 N의 명칭을 붙여주었다. 이들 중 에너지 준위가 가장 높은 것은 N 껍질이며, 가장 낮은 것은 K 껍질이다([그림 10.11]).

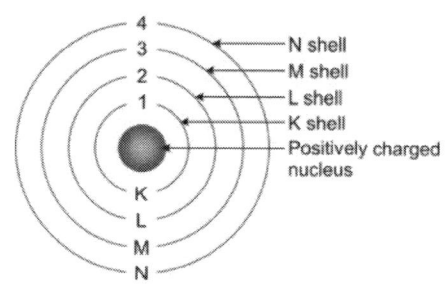

[그림 10.11] 에너지 준위에 따른 전자껍질

이와 같은 보어의 원자 모형은 양자화(quantization)된 특별한 에너지를 갖는 궤도에서 회전하는 전자에 의해 원자의 구조를 밝혀주고 있다는 데에 그 의미가 있다. 하지만 그의 원자 모형에 따르면, 전자가 원자핵 주위의 일정한 궤도에서 회전하고 있다는 증거가 없다. 이로써 보어 모델은 양자역학적 모델로 대치되었다.

(2) 양자역학적 모델

돌턴으로부터 시작되었던 원자 모형은 시간의 흐름과 과학기술의 발전에 따라 여러 과학자들에 의해 변모하게 되었고, 이는 원자핵 주위에서 전자가 일정한 궤도를 회전하고 있다는 보어의 원자 모형도 일부 수정이 요구되었다. 보어 모델에서 궤도 개념은 양자역학적 모델에서 궤도함수(orbital)로 대체되었다. 이는 전자가 따르는 특정 경로가 아닌 전자가 발견될 만한 곳의 통계적 분포를 나타내는 확률(probability)로 나타낸다는 것이다. '특정한 궤도를 전자가 돌고 있는 것'이 아닌 '원자핵 주변에 단지 전자가 존재하거나 혹은 분포할 확률로 표현하는 것'이 더 바람직하다는 말이다. 이를 표현하기 위해 등장한 새로운 개념이 바로 원자핵 주위의 '전자구름(electron cloud)'이다. 전자구름은 원자핵 주위를 쉬지 않고 회전하고 있는 전자의 위치를 정확히 알아내기 어려우므로 단지 전자가 존재할 가능성을 수학적 함수를 이용하여 확률로 나타내는 것이다.

이 확률을 '궤도함수' 또는 '오비탈(orbital)'이라고 한다. 다시 말해서 전자의 위치에너지와 운동에너지 둘 다 모두를 동시에 정확히 측정하기란 불가능하므로 어느 순간에 전자의 정확한 위치를 알아낸다는 것은 사실상 어렵다. 따라서 전자를 발견할 확률을 계산하여 그 분포 정도를 점으로 찍어 구름 모양으로 나타낸다.

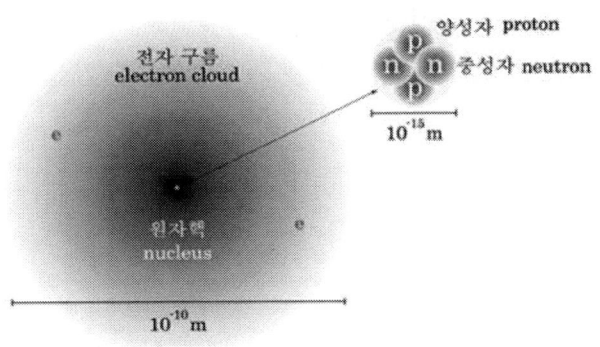

[그림 10.12] 원자의 전자구름

전자의 존재 여부를 확률로 표현하게 되는 데에는 독일의 물리학자 하이젠베르크(Werner Karl Heisenberg, 1901~1976)가 주장한 '불확정성 원리(1927)'의 영향에 의한 것이기도 하다. 그에 따르면, 관찰자는 각 입자의 정확한 위치를 측정할 수 있는 것이 아니라 단지 그 입자가 존재할 위치를 확률로 표현할 수 있다는 것이다. 반대로 원자핵 주위 어느 위치에 전자가 존재하지 않을 가능성이 높은 곳도 있다는 말이 된다. 따라서 오늘날의 원자의 전자구름 모형에서는 원자핵 주위의 전자의 불연속적인 존재 가능성을 확률로 표현하게 된 것이다.

양자역학적 모델에서 가장 낮은 에너지 궤도함수는 $1s$ 궤도함수라 하며, 보어 모델에서 n=1과 비슷하다. $1s$로 표현하는 궤도함수에서 숫자는 주양자수(principal quantum number, n)를 가리키고, 궤도함수의 주껍질(principal shell)을 의미한다. n=1, 2, 3…으로 나타내며, n이 증가할수록 에너지도 증가한다. $1s$ 궤도함수는 첫 번째 주껍질로서 가장 낮은 에너지를 가진다.

문자는 궤도함수의 부껍질(subshell)을 나타내고, 궤도함수의 모양을 의미한다. 이때 가능한 문자는 s, p, d, f이며, 그 모양은 각각 다르다. 첫 번째 껍질은 $1s$ 궤도함수이며, 전자가 해당 시각에 그 위치에서 발견될 확률이 90%인 부피를 둘러싸는 1개의 구형 궤도함수를 갖는다.

보어 모델과 마찬가지로 양자역학적 모델도 에너지 흡수에 따른 더 높은 에너지 궤도함수로의 전이가 발생한다. 여기에서 더 높은 에너지 궤도함수는 주껍질수 n=2이며, 부껍질은 s와 p를 포함한다. $2s$는 $1s$ 궤도함수보다 에너지가 더 크고, 크기도 더 크지만 그 모양은 같다(아령 모양). 다음 주껍질은 n=3이며, 부껍질은 s, p, d를 포함한다. 다양한 원소의 원자에 전자를 채워갈 때는 가장 낮은 부껍질이 먼저 채워진다. 예를 들어 수소는 첫 번째 껍질의 s 오비탈에 1개의 전자를 가지며, $1s^1$로 표기한다.

주껍질 (Shell)		부껍질 (Subshell)				
n	껍질 표기	l	0	1	2	3
			s	p	d	f
1	K		2				2
2	L		2	6			8
3	M		2	6	10		18
4	N		2	6	10	14	32

[그림 10.13] 원자의 주껍질과 부껍질 표기

각 궤도함수는 최대 2개의 전자만 가질 수 있으므로 정리하면 다음과 같다([그림 10.13]).

s 부껍질은 1개의 궤도함수를 가지며, 2개의 전자를 가질 수 있다.
p 부껍질은 3개의 궤도함수를 가지며, 6개의 전자를 가질 수 있다.
d 부껍질은 5개의 궤도함수를 가지며, 10개의 전자를 가질 수 있다.
f 부껍질은 7개의 궤도함수를 가지며, 14개의 전자를 가질 수 있다.

(3) 원자가전자

어떤 원소의 전자배치를 작성하려면, 원자 번호를 알아야 한다. 원자 번호는 전기적으로 중성 원자를 의미하므로 전자의 수와 같다. '원자가전자'는 최외각 주껍질인 가장 큰 주양자수(n)를 갖는 주껍질에 있는 전자이다. 이들은 원자핵으로부터 멀리 위치하므로 원자에 가장 느슨하게 결합되어 있기 때문에 쉽게 잃어버리거나 이를 다른 원자와 공유할 수 있다. 따라서 원소의 화학적 성질은 원자가전자 수에 의해 결정된다. 주기율표에서 한 열에 위치한 원소들은 같은 수의 원자가전자를 가지므로 비슷한 화학적 성질을 가진다.

3 화학결합

금속 원자는 최외각전자를 버리려는 경향이 강하고, 비금속 원자는 최외각에 전자를 더 채우기 위해 전자를 받아들이려 한다. 이처럼 전자를 잃거나 얻어서 생성된 이온은 불활성기체의 전자구조를 갖는다. 헬륨(He)을 제외하고 8개의 최외각전자가 모든 불활성기체 전자구조의 특징이다. 원자들은 반응할 때 안정한 불활성기체 전자구조가 되려고 한다. 이를 8전자 규칙(octet rule)이라고 한다.

8전자 규칙을 만족시키기 위해 1A족 금속은 전자 1개를 버려서 +1 이온을 형성하고, 2A족 금속은 2개의 전자를 버려서 +2 이온을 이룬다. 7A족 원자는 전자 1개를 받아들여 -1 이온을 형성하고, 6A족 원자는 전자 2개를 받아들여 -2 이온을 형성한다. 전이금속들은 다양한 수의 전자를 버려서 다양한 전하를 갖는 양이온을 형성한다.

1) 이온결합

나트륨 원자(Na)는 전자 하나를 잃어서 완전히 채워진 최외각을 완성하며, 염소 원자(Cl)는 전자 하나를 얻어서 완전히 채워진 최외각을 완성한다. 이런 성질을 가진 두 원소가 만나면 어떤 일이 일어날 것인가? 1A족인 나트륨 원자는 7A족인 염소 원자에게 전자 하나를 내어주게 된다([그림 10.14]).

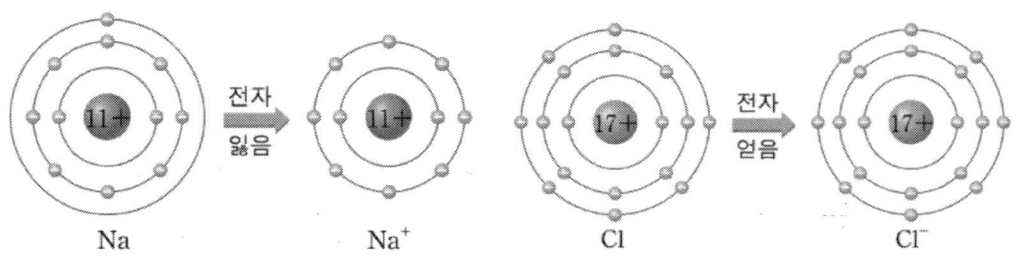

[그림 10.14] 이온의 형성: 전자 잃음(좌), 전자 얻음(우)

나트륨과 염소 원자로부터 생성된 Na^+와 Cl^-은 반대 전하이므로 서로 강하게 끌어당긴다. 이런 이온들은 질서 있게 배열하며, 모든 방향으로 반복된다. 그 결과 염화나트륨 결정(crystal)이 형성된다. 이와 같이 양이온과 음이온의 인력에 의한 결합을 이온결합(ionic bond)라 한다.

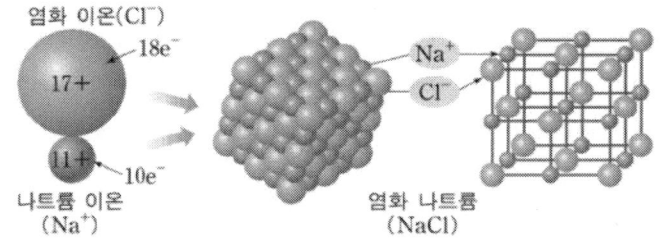

[그림 10.15] 이온결합의 결정 형성

2) 공유결합

최외각전자를 7개 가진 염소 원자가 전자 하나를 더 얻는다면, 불활성기체 아르곤 원자(Ar)의 전자구조를 갖게 될 것이다. 만일 다른 원자가 존재하지 않고 염소 원자만 존재한다면, 어떻게 반응하게 될 것인가? 나트륨과의 결합과 달리 두 개의 염소 원자는 서로 전자를 주거나 받을 수 없게 된다. 전자에 대한 인력이 같기 때문이다. 이럴 때 두 염소 원자를 전자쌍을 공유하는 방식을 취한다.

전자들을 공유하여 두 개의 염소 원자는 염소 분자(Cl_2)를 형성한다. 이와 같이 전자쌍을 공유하는 결합을 공유결합(covalent bond)이라 하며, 한 개의 전자쌍을 공유하면 단일결합이라 한다. 질소 원자들 사이에는 3개의 전자쌍을 공유하는 삼중결합을 한다.

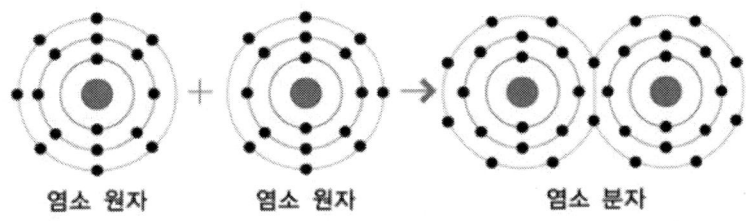

[그림 10.16] 공유결합: 공유된 1쌍의 전자

4. 원자핵의 반응

1) 방사능의 유형

방사능(radioactivity)은 방사성 원자의 핵으로부터 방출되는 매우 작은 입자들이다. 이들은 물체를 그대로 통과할 수 있는 특성이 있어서 핵의학 분야에서 병을 진단하고 치료할 때 이용되기도 한다.

방사성 원자핵은 방사선을 방출함으로써 핵이 안정해지는데, 방사능은 몇 가지 다른 유형인 알파선, 베타선, 감마선으로도 방출된다. 그에 관한 반응 과정을 알아보자.

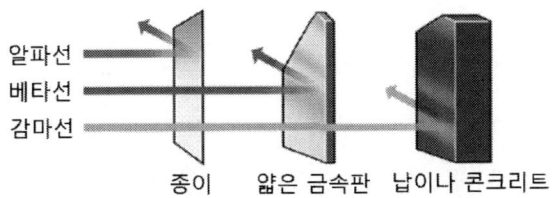

[그림 10.17] 방사선 종류에 따른 투과력

(1) 알파 방사선

알파 방사선(α radiation)은 불안정한 핵이 2개의 양성자와 2개의 중성자로 이루어진 작은 입자(particle)를 방출할 때 생긴다. 2개의 양성자와 2개의 중성자는 헬륨 원자핵과 동일하므로 알파 방사선을 헬륨-4와 같은 기호로 표현하기도 한다. 원자의 핵이 불안정할 경우 한 원자가 알파 입자를 방출하게 되면, 그 결과 그 원자는 더 가벼운 원자로 변하게 된다. 이를 반응식으로 나타내면 다음과 같다.

$$\begin{array}{ccc} \text{왼쪽(반응물)} & \rightarrow & \text{오른쪽(생성물)} \\ {}^{235}_{92}U & \rightarrow & {}^{234}_{90}Th + {}^{4}_{2}\alpha \\ \text{원자번호 합} = 92 & & \text{원자번호 합} = 90 + 2 \\ \text{질량수 합} = 235 & & \text{질량수 합} = 234 + 4 \end{array}$$

방사선을 방출하기 전 원래 원자를 모 핵종(mother nuclide)라 하고, 생성물인 새로운 원자를 딸 핵종(daughter nuclide)이라 한다. 한 원소(${}^{235}_{92}U$)가 알파 입자(${}^{4}_{2}\alpha$)를 방출했을 때 핵 속의 양성자 수가 변하므로 다른 원소(${}^{234}_{90}Th$)가 생성된다. 화학반응과 달리 핵반응은 원소 자체가 변할 수도 있지만, 반응 전과 후의 원자번호의 합이 같아야 하며, 질량수의 합도 같아야 한다. 따라서 모핵종의 원자번호와 질량수로 알고 있다면, 알파 입자 방출로 생성될 원소의 종류를 알 수 있다.

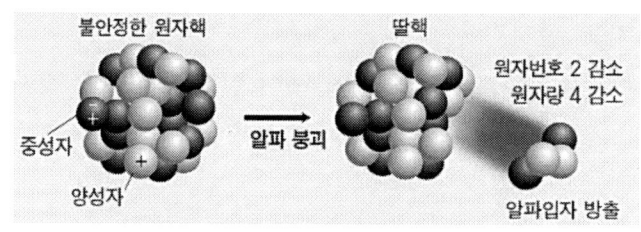

[그림 10.18] 알파 붕괴 과정

만일 방사선이 생명체의 세포 내 분자들을 이온화하면 분자들이 손상될 것이고, 세포는 죽거나 비정상적으로 재생될 수 있다. 다른 분자나 원자를 이온화할 수 있는 방사선의 능력을 이온화능(ionizing power)이라 하며, 다른 방사선 중 알파 방사선이 가장 이온화능이 높다. 그렇지만 알파 입자는 방사성 핵에서 방출되는 모든 입자들 중 질량이 가장 크고 입자 크기가 크기 때문에 침투력은 가장 낮은 편이다. 따라서 알파 방사선은 세포 내로 쉽게 침투하지 못하며, 종이나 천(cloth) 등에 의해 차단될 수 있다.

(2) 베타 방사선

베타 방사선(β radiation)은 불안정한 핵이 1개의 전자를 방출할 때 발생한다. 양성자와 중성자로 구성된 원자핵이 전자를 방출할 수 있는 것은 중성자가 양성자로 변환되기 때문이다. 베타 입자는 전자($_{-1}^{0}e$)와 같은 기호로 나타낼 수 있으며, 베타 붕괴 과정은 다음과 같다.

$$중성자 \rightarrow 양성자 + 전자$$
$$_{0}^{1}n \rightarrow _{1}^{1}p + _{-1}^{0}e$$

예를 들어 라듐-228이 베타 붕괴를 할 때 반응식은 다음과 같다.

왼쪽(반응물) → 오른쪽(생성물)
$$_{88}^{228}Ra \rightarrow _{89}^{228}Ac + _{-1}^{0}e$$

원자번호 합 = 92   원자번호 합 = 90 + 2
질량수 합 = 235   질량수 합 = 234 + 4

베타 입자의 질량은 알파 입자에 비해 훨씬 작으므로 이온화능은 낮지만, 더 높은 침투력을 갖고 있다. 따라서 베타 입자를 차단하려면 금속판이나 두꺼운 나무판으로 충분하다.

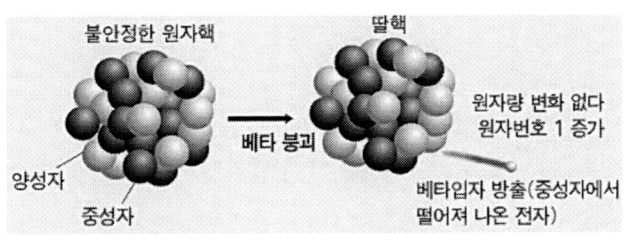

[그림 10.19] 베타 붕괴 과정

(3) 감마 방사선

감마 방사선(γ radiation)은 불안정한 핵에서 입자가 방출되는 것이 아니라 전자기선의 복사가 방출되는 것이다. 감마 방사선은 높은 에너지의 광자이며, 기호는 $_{0}^{0}\gamma$으로 나타낸다. 이는 전하와 질량을 갖지 않음을 의미하므로 방사성 원소에서 감마선이 방출될 경우 원자번호나 질량수는 변하지 않는다. 보통 다른 유형의 방사선과 함께 방출된다. 예를 들면, 우라늄-238의 알파 입자 방출은 감마선의 방출을 수반한다.

$$^{238}_{92}U \rightarrow ^{234}_{90}Th + ^{4}_{2}\alpha + ^{0}_{0}\gamma$$

감마선은 알파 방사선과 베타 방사선에 비해 가장 낮은 이온화능을 가지지만, 침투력은 가장 높다.

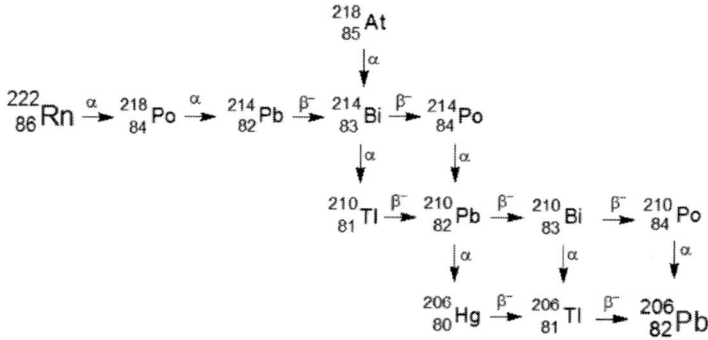

[그림 10.20] 라돈기체의 연쇄적인 붕괴 과정

2) 자연 방사능과 반감기

(1) 반감기

지표면은 주변의 대기로 방사선을 방출하는 방사성 원자를 포함하고 있으므로 방사능은 환경을 구성하는 자연적인 요소 중 하나이기도 하다. 우리가 매일 먹는 음식물은 세포 내로 흡수될 수 있는 잔류량의 방사성 원자를 포함하고 있다. 우주로부터 오늘 소량의 방사선은 대기를 통과하여 끊임없이 지구와 충돌하고 있다.

여러 종류의 방사성 핵종들은 붕괴하여 딸 핵종으로 변환하는데, 붕괴 속도는 원자의 종류에 따라 다르다. 모 핵종의 절반이 붕괴하여 딸 핵종으로 변화하는 데 걸리는 시간을 '반감기(half life)'라 한다. 빠르게 붕괴하는 핵종들은 짧은 반감기를 갖고 이들은 매우 활동적이라서 단위 시간 당 붕괴 횟수가 많은 편이다. 반면, 느리게 붕괴하는 핵종들은 긴 반감기를 가지며 덜 활동적이다.

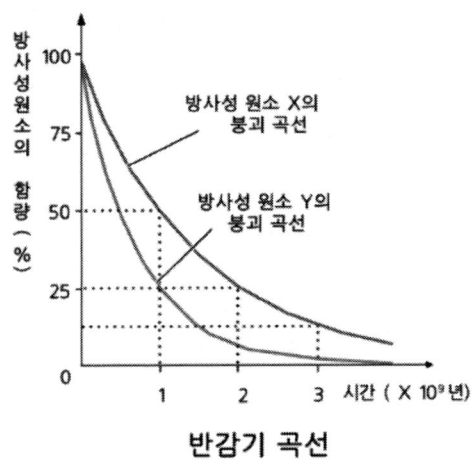

[그림 10.21] 방사성 원소의 반감기 곡선

원자 수가 많을 경우 방사성 붕괴 과정의 예측을 더 쉬어지는데, 이는 각 방사성 동위원소의 반감기를 측정할 수 있기 때문이다. 반감기는 모핵종인 처음 원소의 1/2이 방사성 붕괴를 하는 시간이다. 반감기가 8일인 방사성 동위원소 요오드-131가 8mg 있다고 가정하자. 8일 후 8mg의 요오드 중 4mg은 붕괴되어 다른 원소로 변하고, 4mg의 요오드만 남게 된다. 이어서 8일 후 요오드는 2mg이 남게 된다. 이와 같이 붕괴 속도는 반감기에 반비례한다. 반감기가 긴 원소는 천천히 붕괴하는 반면, 반감기가 짧은 원소는 빠르게 붕괴한다. 이때 붕괴 속도는 초 단위로 측정하고 단위는 베크렐(Bq)이다. 어떤 방사성 동위원소가 주어진 횟수 만큼의 반감기를 거쳤다면, 잔류량은 다음 식으로 나타낼 수 있다.

$$잔류량 = \frac{1}{2^n} (n: 반감기\ 횟수)$$

(2) 의학에서 쓰이는 방사성 동위원소

핵의학에서 방사성 동위원소를 이용한 질병의 진단은 환자의 건강 상태에 관한 정보를 얻는 목적으로 쓰이며, 방사선 치료(radiation therapy)는 질병을 방사선으로 치료하고자 이용된다. 특히 빠르게 증식하는 형태의 암은 외과적 수술보다 방사선 치료가 더 효과적일 때도 있다. 방사선 치료의 목적은 건강한 신체 조직에 더 많은 손상이 발생하기 전 암세포를 파괴하는 것이다. 방사선은 정상 세포에는 노출을 최소화하고 암세포만을 겨냥하므로 암세포가 방사선에 의해 파괴되면 암은 멈추게 된다.

그렇지만 방사선 치료를 할 경우 환자는 치료에 요구되는 고용량의 방사능으로 인해 종종 구역질과 구토, 탈모 등의 방사능증을 겪게 된다. 예를 들어 방사성 동위원소 요오드-131은 갑상선 암을 치료하고 민감한 갑상선을 조절할 뿐 아니라 갑상선의 크기, 모양 및 활동을 결정하는 데 쓰인다. 이를 위해 환자는 요오드-131이 있는 요오드화칼륨(KI)이 함유된 용액을 마시면, 신체는 갑상선 부위에 요오드를 집결시킨다. 흡수된 동위원소의 분포를 보여주는 검출기로 촬용하면, 암의 위차나 갑상선의 이상 정도를 판단할 수 있게 된다. 따라서 암 치료를 할 때 치료 용량의 요오드-131로부터의 방사선이 방출되어 방사성 동위원소가 집결된 갑상선 세포를 죽인다.

5 물질의 반응

1) 산화-환원반응

오래 전부터 산화(oxidation)는 산화물을 형성할 때 산소가 첨가되는 것을 의미했다. 산소가 다른 물질과 결합하는 과정을 산화라고 한다. 반면, 환원(reduction)은 산화물로부터 산소가 제거되는 것을 말한다.

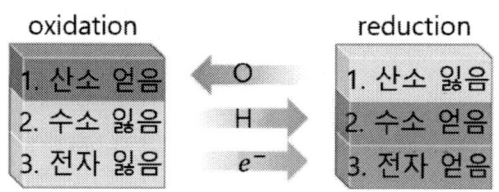

[그림 10.22] 산화와 환원의 정의

수소가 연소하면 산소와 결합하여 물이 생성된다($2H_2 + O_2 \rightarrow 2H_2O$). 이 과정에서 수소는 산화되고 동시에 산소는 환원된다. 이들은 반대 과정이지만, 산화가 일어날 때 환원도 일어난다. 산화와 환원은 항상 동시에 정확히 같은 당량으로 일어난다. 이에 대해 [그림 10.22]와 같이 정의내릴 수 있다.

[그림 10.22]의 산화와 환원의 정의 [1]과 [2]에 따른 예를 살펴보자. 일반적으로 삼중결합을 하고 있는 질소 기체는 안정된 상태로서 반응성이 거의 없다. 고온에서 질소 기체는 산소와 반응하여 산화질소가 된다. 이를 반응식으로 나타내면, $N_2 + O_2 \rightarrow 2NO$ 이 된다. 질소는 산소는 얻었으므로 산화되었다.

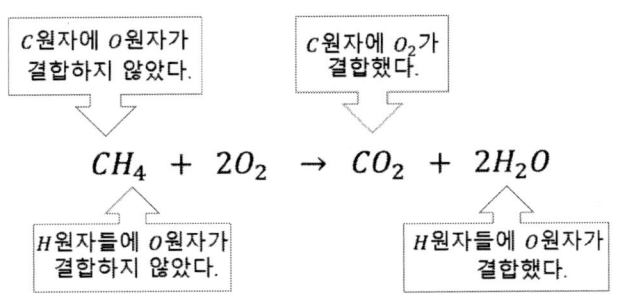

메탄 기체가 연소되어 이산화탄소와 물이 되는 반응을 살펴보자. 반응물인 메탄 기체를 구성하는 탄소 원자(C)와 수소 원자(H)는 산소 원자(O)와 결합하지 않은 상태이지만, 반응 후 생성물인 이산화탄소를 구성하는 탄소 원자는 산소 원자 2개가 결합된 상태이며, 또 다른 생성물인 물을 구성하는 수소 원자 2개는 산소 원자와 결합하고 있다. 이들은 산소와 결합했으므로 생성물인 이산화탄소의 탄소 원자와 물의 수소 원자들은 산화된 것이다. 그리고 생성물의 산소 원자들은 어떤 원소와도 결합하지 않은 상태이지만, 반응 후 생성물인 물을 구성하는 산소 원자는 수소 원자들과 결합하고 있다. 이는 수소 원자들과 결합했으므로 생성물인 물의 산소 원자는 환원된 것이다. 이와 같이 산화와 환원 반응은 동시에 일어난다는 것을 알 수 있다.

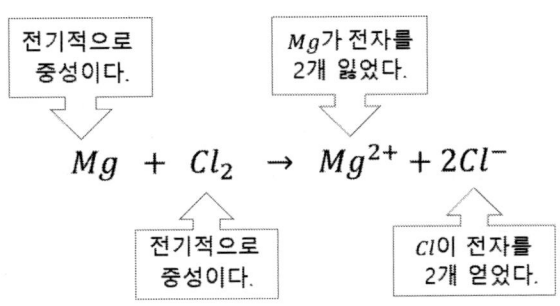

[그림 10.22]의 산화와 환원의 정의 [3]에 따른 예를 염화마그네슘을 통해 알아보자. 반응물인 마그네슘 원자와 염소 기체는 전기적으로 중성이지만, 반응 후 생성물인 마그네슘 이온(Mg^{2+})은 전자(e^-)를 2개 잃었으므로 산화된 반면, 생성물인 염화 이온($2Cl^-$)은 전자를 2개 얻었으므로 환원되었다.

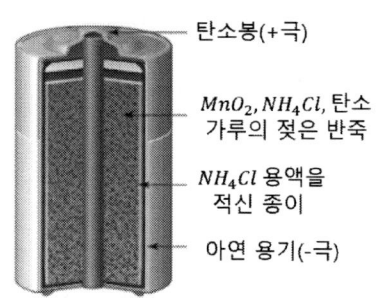

[그림 10.23] 아연-탄소 전지의 내부 구조

전선으로 전기가 흐르는 것은 전자의 흐름 때문이다. 전자가 한 물질에서 다른 물질로 전달되는 산화-환원 반응은 전기를 생산하기 위한 반응이다. 건전지의 음이온은 원통형의 아연 용기이며, 건전지 중심에 있는 탄소봉은 양극이다. 양극과 음극 사이의 공간에는 흑연(탄소, C) 가루, 이산화망간(MnO_2), 염화암모늄(NH_4Cl)의 젖은 반죽이 들어있다. 음극에서는 아연통을 아연 이온으로 산화시키는 반응이 진행되며, 동시에 양극에서는 이산화망간을 환원시키는 반응이 진행된다. 반응식으로 나타내면 다음과 같다.

$$Zn + 2MnO_4 + H_2O \rightarrow Zn^{2+} + Mn_2O_3 + 2OH^-$$

2) 산-염기 반응

처음으로 성공적인으로 산-염기 이론을 주장한 인물은 아레니우스(Svante Arrhenius)이다. 그에 따르면, 산(acid)은 수용액에서 수소 이온(H^+)과 음이온으로 분해되는 분자 화합물이며, 산은 이온화되었다고 말한다. 예를 들어 질산은 물에 용해되어 수소 이온과 질산 이온으로 분해된다($HNO_3(aq) \rightarrow H^+(aq) + NO_3^-(aq)$). 물에서 산의 성질은 H^+의 성질을 말하는데, 이는 신맛이 나고 금속이나 염기와 반응한다. 산을 표현하는 화학식은 적어도 하나 이상의 수소 원자를 가지고 있다.

아레니우스가 정의내린 염기(base)는 수용액에서 수산화 이온(OH^-)을 방출하는 물질이다. 수산화나트륨은 물에 용해되어 나트륨 이온(Na^+)과 수산화 이온으로 분해된다($NaOH(s) \rightarrow Na^+ + OH^-$). 물에서 염기의 성질은 OH^-의 성질을 말하는데, 이는 쓴맛이 나고 피부에 닿으면 미끈거리는 느낌이 난다.

많은 경우에 있어서 산과 염기의 특성을 잘 알려주지만, 아레니우스 이론에는 몇 가지 한계가 있다. OH^-를 포함하지 않는 물질이 염기처럼 작용할 수도 있는 암모니아(NH_3)와 같은 물질에 대해서는 쉽게 설명할 수 없다는 것이다. 따라서 오늘날 우리는 브뢴스테드-로우리(Brønsted-Lowry acid-base theory)의 산과 염기에 대한 정의를 따른다.

브뢴스테드-로우리 정의에 의한 산은 '수소 이온 주개'이며, 염기는 '수소 이온 받개'이다. 이에 따르면 암모니아는 물로부터 수소 이온을 받으므로 염기성 물질이다 ($NH_3(aq) + H_2O(l) \rightarrow NH_4^+(aq) + OH^-(aq)$).

산과 염기를 혼합하면, 산에서 나온 수소 이온과 염기에서 나온 수산화 이온이 결합해서 물을 형성한다. 이를 중화반응(neutralization reaction)이라 한다. 대표적인 중화반응은 다음과 같다.

$$HCl(aq) + NaOH(aq) \rightarrow H_2O(l) + NaCl(aq)$$

산-염기 반응은 일반적으로 물과 이온성 화합물을 형성하며, 염은 산에서 방출된 음이온과 염기에서 방출된 양이온과의 결합물이다.

11장.
우주의 과학

지금까지 살펴본 과학적 절차에 의해 밝혀낸 과학적 증거들을 바탕으로 우주와 우주를 구성하는 물질의 기원에 대해 알아보자. 현재 우리가 살고 있는 우주 전체에는 수천 억 개 이상으로 추정되는 은하가 위치하고 있으며, 각 은하마다 수천 억 개 이상의 별들이 있다. 오랜 역사를 통해 인류가 찾아낸 몇 개의 놀라운 사실들 중 하나는 우주의 나이가 138억년이라는 것이다.

1 우주의 나이

코페르니쿠스로 시작된 과학혁명 이후 17~18세기까지는 우주의 기원에 대한 관심이나 의문은 종교의 영역이었다. 지구가 창조된 시기에 관해서 1650년대 제임스 어셔(James Ussher, 1581~1656)는 지구가 BC 4004년 10월 22일에 창조되었다고 제안했다. 1625년에 아일랜드의 영국 국교회의 최고 고위직인 아르마 대주교(Archbishop of Armagh)에 임명된 어셔는 자신의 여러 계획들 중 창조 시점부터 AD 70년까지의 모든 주요한 사건들을 망라한 라틴어로 된 세계 역사를 집필하는 것이었다. 집필하는 동안 어셔는 먼저 성경이 인류 역사를 포함하는 연대기적 정보로서 신뢰할 만 하다고 여기고, 역사적 시간 틀을 확립하기 위해서 오직 성경 자료만을 의지할 수밖에 없었다. 그는 믿을만한 연대로 느부갓네살 왕이 죽은 연대를 선택하였고, 그 날짜를 기준으로 해서 그 이전의 성경적 연대를 계산했다. 그러므로 그 날짜로부터 거꾸로 계산을 해 나가서, 그는 기원전 4004년 10월 22일 오후 6시가 창조일이라고 결론지었던 것이다. 이 날짜는 1710년 영국 국교회로부터 공식 인정을 받았을 뿐 아니라 19세기 전까지의 과학자들도 받아들였던 것이다.

18세기 중반 이후 과학의 발달이 점차 이루어지기 시작하면서 19세기에 이르러서는 지질학과 생물학의 발전으로 이어지게 되었다. 이 시기를 기점으로 진화론을 제안한 다윈(Charles Robert Darwin, 1809~1882)이나 혹은 동일과정설을 주장한 지질학의 아버지인 라이엘(Charles Lyell, 1797~1875) 등은 지구의 역사가 우리가 알고 있던 것 보다 훨씬 오래되었다고 밝혔다.

20세기에 이르러 방사선 연대 측정이 가능해지면서 화석이나 고대 유물 등의 조사를 통해 지구의 나이가 기존에 생각했던 것 보다 훨씬 오래되었다는 사실이 밝혀지게 되었다. 다윈이나 라이엘의 주장이 틀리지 않았던 것이다. 그렇지만 우주의 정확한 나이나 인류의 진화 과정에 대해서는 아직도 풀어야 할 과제는 남아있다.

1) 동적인 우주론

오늘날 우주 기원에 대한 대표적 이론들 중 하나인 빅뱅이론(big bang theory, 대폭발이론)은 잘 알려져 있다. 이는 아마도 20세기의 위대한 과학자 아인슈타인에게서 그 단초가 시작되었다고 할 수 있다. '우주는 팽창하지도, 수축하지도 않는다'는 그의 정적인 우주론 때문이다.

1905년 특수상대성이론을 발표한 11년 후, 그는 일반상대성이론을 발표했다. 일반상대성이론에서 아인슈타인은 자연계에 존재하는 네 가지 힘(강한 핵력, 약한 핵력, 전자기력, 중력) 가운데 중력에 대해 설명하고 있다. 그것은 뉴턴의 중력 개념으로는 해결되기 어려웠던, 적용범위가 더 큰 거시세계에서 다루어야 할 현상들을 설명해 낼 수 있는 중력 개념이었다. 20세기 과학의 가장 혁명적인 성과였다. 그도 그럴 것이 20세기에 들어 인류는 우주탐험에 많은 관심을 가지고 상당한 노력과 자본을 투자하기 시작했기 때문에 그에 발맞추어 우주 공간에서 발생할 수 있는 상황에 대한 과학적 지식을 필요로 했다.

그렇지만 아인슈타인에게는 한 가지 해결해야 할 문제가 있었다. 뉴턴이 말하는 중력 또는 만유인력은 우주의 모든 물체들 사이에서 서로 잡아당기는 방향으로 작용하며, 그 크기는 물체의 질량의 곱에 비례하고 거리의 제곱에 반비례한다는 것이다.

뉴턴의 이론에는 물체들 사이에 서로 잡아당기는 인력이 작용하고 있다. 나뭇가지에 달린 사과가 인력에 의해 지구로 끌려온다는 것은 뉴턴의 대표적 일화이기도 하다. 이 야기를 좀더 넓은 공간으로 확대해 보자. 우주 공간에 위치하는 한 천체와 또 다른 천체에는 각 질량에 비례하는 크기의 중력이 작용하여 서로 끌어당겨 한 장소로 모아진다. 하지만 이러한 우주는 벤틀리의 역설(Bentley's paradox)이나 올버스의 역설(Olbers' paradox)과 부딪히게 된다. 이 시점에서 뉴턴은 '균형' 개념이 필요했다. 그는 대칭적인 우주를 생각해 냈다. 우주의 어느 방향에서든 같은 힘으로 서로를 끌어당긴다면 우주는 균형을 이룰 수 있을 것 같았다.

우주공간에서 서로 다른 두 개의 은하가 충돌한 후 하나가 된다면, 이들의 질량은 증가할 것이다. 그 결과 중력은 더 커지게 되며, 그로 인해 주변 은하들이나 성간 물질들을 더 많이 흡수하게 될 것이다. 이는 중력이 인력으로만 작용한다는 견해에 대한 예상치 못한 결과가 된다.

중력이 인력으로 작용하는 것은 뉴턴만의 문제로 끝나지 않았으며, 아인슈타인 또한 그랬다. 아인슈타인은 보다 더 수학적인 해결책을 내놓게 되는데, 후에 이에 대해 그는 스스로가 생애 최대의 실수라고 말했던 '우주상수(cosmological constant)'의 등장이었다.

아인슈타인은 우주의 균형을 이루기 위해 인력과 반대방향으로 작용하는 척력이 필요했다. 서로 밀어내는 척력이 존재한다면 문제는 해결될 수 있었다. 그는 자신의 중력 법칙에 우주상수를 포함시켜 일종의 '반중력'이라고 할 수 있는 척력 개념을 도입했다. 척력은 중력이 작용하는 두 물체 사이의 거리가 짧을 때는 무시할 정도로 작지만, 거리가 멀 때에는 의미 있는 힘을 발휘한다. 이제 아인슈타인은 태양계나 지구 주변의 가까운 별들의 움직임을 설명하는 이론을 훼손시키지 않으면서도 우주의 붕괴를 막을 수 있다고 생각했다. 수학적으로는 그럴 듯해 보이는 그의 척력 개념이지만 사실 우주의 붕괴를 막고자 하는 의도 외에 우주 상수가 지니는 의미는 적어도 그 당시에는 없어 보였다. 마치 그 옛날 지동설을 차치하고 천동설을 근거로 행성들의 복잡한 운동을 설명하기 위해 프톨레마이오스가 도입했던 주전원과 이심원 개념과 같은 듯했다. 사실 아인슈타인도 우주상수가 자신이 발표한 이론의 아름다움을 심하게 훼손한다고 불평한 적도 있다고 한다.

(1) 우주상수가 없는 우주

이후 아인슈타인의 정적인 우주와 일반상대성이론이 서로 다른 내용을 담고 있다는 것을 알아차린 러시아의 수학자 프리드만(Alexander Friedmann, 1888~1925)은 다양한 우주상수를 가진 우주의 기원에 대해 수학적으로 접근했다. 특히 그가 제안한 우주 모델은 '우주상수가 0'으로서 사실상 우주상수가 없는 우주 모델을 고안했다. 우주상수가 0일 때 우주는 중력에 의해서 한 점으로 끌어당겨져 마침내는 붕괴되는데, 프리드만은 우주상수가 0이지만 초기에 팽창으로 시작되는 우주였다. 이 우주는 초기의 팽창력으로 중력을 이겨내고 팽창하는 우주 모델이다. 여기에서 우리의 관심을 끄는 한 가지는 '우주의 팽창'이다. 이 개념으로는 우주상수가 0이면서도 우주가 한 점으로 수축이나 붕괴하지 않는다는 것을 설명할 수 있고, 나아가서 과거의 우주가 현재의 우주보다 더 작았다는 것을 표현하는 말이다. 빅뱅이론에 대해 이미 알고 있는 우리의 입장에서 보면, 그의 기발한 '우주의 팽창' 모델은 빅뱅이론으로 발전하기 위한 완벽한 밑그림이 되는 셈이다. 하지만 여기까지가 프리드만의 역할이었나 보다. 불행하게도 그는 1925년 휴가 중에 장티푸스를 앓게 되면서 37세의 나이로 사망하게 되었다. 사망하기 직전까지도 그는 우주상수를 배제했다는 이유로 당대 최고의 과학자인 아인슈타인의 비난과 무시를 피할 수 없었다.

[그림 11.1] 르메트르(좌)와 아인슈타인(우)

(2) 원시 원자

프리드만의 우주 모델을 근거로 우주의 팽창 개념을 정립한 사람은 벨기에의 신부이자 물리학자인 르메트르(Georges Lemaître, 1894~1966)이다. 그는 아인슈타인의 이론에 근거를 둔 우주 모델을 연구하면서 프리드만의 연구를 진전시켰다. 르메트르는 우주의 탄생이나 기원 이외에도 창조나 진화에 대한 이론에도 남다른 관심을 가졌다. 프리드만의 이론과 마찬가지로 우주가 팽창하고 있다면 과거에는 적어도 지금보다는 작은 크기의 우주였을 것이고, 시간을 더 거슬러 올라간다면 우주가 시작될 당시에는 하나의 원자 같은 우주가 그 시발점일지도 모른다. 르메트르는 이것을 '원시 원자(primeval atom)'라고 명명하고, 그에 관한 논문을 발표했다. 그는 커다란 원자핵이 불안정할 것이라는 생각에 따라 원시 원자는 계속 분열을 거듭함에 따라 그 결과 작은 파편들이 생겨났고 현재의 원자가 만들어졌다고 생각했다. 하지만 그의 이런 생각은 오늘날 우주에서 관측되는 사실과 일치하지 않는다. 불안정한 큰 원자의 분열로 만들어지는 원자들은 원소 주기율표의 중간쯤에 위치하는 원자들이 되므로 오늘날의 우주에는 철이나 니켈과 같은 원소들이 다량 존재해야 한다. 하지만 우주에는 수소나 헬륨이 다량 존재하고 있다.

이후 1927년 벨기에에서 솔베이 학회가 개최되었을 때 르메트르는 아인슈타인을 만날 수 있었다. 그 자리에서 그는 아인슈타인에게 자신의 논문 내용을 전달했고, 아인슈타인은 이전에 프리드만에게서 들었던 것과 비슷한 이론이라는 생각을 하게 되었다. 하지만 르메트르가 아인슈타인에게서 얻을 수 있었던 답은 거절이었다. 아무런 뒷받침할 증거가 없는 상황에서 당대 최고 과학자가 인정하지 않은 이론의 주인공이 되어버린 르메트르는 더 이상 자신의 우주론을 발전시킬 의욕마저 상실하게 되었다.

(3) 팽창하는 우주

윌슨산 천문대(Mount Wilson Observatory)에서 연구 중인 허블(Edwin Powell Hubble, 1889~1953)은 1924년에 100인치 망원경으로 안드로메다 은하에서 세페이드 변광성 몇 개를 찾아냈다. 시간에 따라서 밝기가 변하는 변광성을 이용하면 간접적으로 거리를 잴 수 있다는 사실을 근거로 그는 당시 성운으로 알려져 있던 안드로메다가 은하라는 것을 알아냈다. 은하까지의 거리는 예상했던 것보다 훨씬 더 멀리 떨어져 있었으며, 수많은 별들로 이루어져 있다는 사실을 알아냈다. 뿐만 아니라 허블은 빛의 파장을 분석하는 분광기술을 이용하여 도플러 효과(Doppler effect)를 근거로 움직이는 별의 속도를 측정하는 방법을 개발해 냈다.

그 결과 과학자들은 별의 움직임을 관측하기 위해 사용했던 방법을 은하에도 적용하게 되면서 새로운 사실을 발견하게 되었다. 그것은 바로 수많은 은하들이 빠른 속도로 움직이고 있으며, 우리에게서 멀어지고 있다는 것이다. 우주는 말 그대로 정적이지 않고, 동적이었다. 당시 정적인 우주론을 주장하는 과학자들에게는 충격이었.

허블은 은하들의 적색 편이(red shift)와 거리에 대한 도표를 발표했는데(1929년), 내용은 '대부분의 은하가 우리에게서 멀어지고 있으며, 그 속도는 거리에 비례한다'는 것이다. 은하의 후퇴속도는 은하까지의 거리에 비례하며, 이러한 상관관계는 '속도-거리 법칙'으로 나타내는 허블 법칙으로 정리했다([그림 11.2]).

허블 법칙은 우주의 방향에 관계없이 동일하게 성립한다. 우주가 동일한 속도로 계속 팽창한다면, 우주의 나이는 은하까지의 거리와 은하의 후퇴속도로 알 수 있다(거리 = 시간 × 속력). 따라서 우주의 나이는 허블 상수의 역수와 같다.

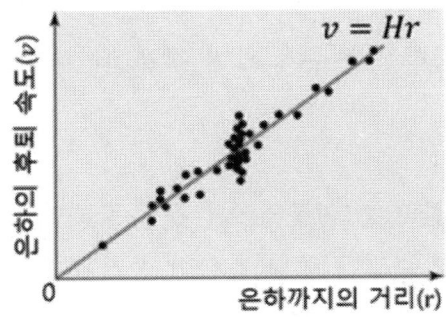

[그림 11.2] 허블 법칙(v: 은하의 후퇴속도(km/s),
r: 은하까지의 거리(Mpc), H: 허블 상수(기울기, $km/s/Mpc$)

사실 은하들이 엄청나게 빠른 속도로 지구로부터 멀어지고 있다는 사실을 처음 발견한 사람은 1912년 슬라이퍼(Vesto Slipher, 1875~1969)이다. 그는 적색 편이를 이용해 은하들이 멀어지는 속도를 측정했다. 뉴턴이나 아인슈타인이 생각했던 것처럼 우주가 정적이지 않다는 사실을 처음 발견한 것이다.

그렇다면 허블의 법칙이 어떻게 우주의 팽창과 관련되는 것일까? [그림 11.3]은 부피가 점점 팽창하는 풍선의 모습을 단계별로 나타내고 있다. 제일 작은 부피의 풍선 위에 위치한 하얀 점과 같은 물체들의 거리가 풍선의 부피가 증가할수록 멀어진다는 것으로 비유해 볼 수 있다. 이는 은하 사이의 거리에 비례하여 후퇴속도가 빨라진다는 것은 우주가 점점 커지고 있다는 의미이다. 이는 과거의 우주가 현재보다 작았고, 더 나아가 한 점에서 시작되었다는 르메트르의 이론과 완전히 일치하게 된다.

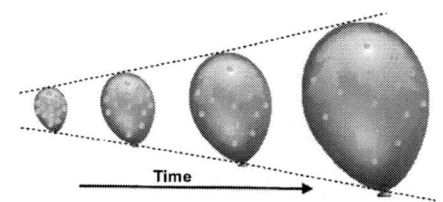

[그림 11.3] 팽창하는 우주모델에서 은하들은 서로 멀어진다.

1931년 윌슨산 천문대에 방문한 아인슈타인은 자신의 생각이 틀렸음을 인정했다. 우주상수를 끼워 넣어 중력과 균형을 이루어 정적인 우주, 무한한 우주는 사라지고, 그 자리에 동적인 우주, 팽창하는 우주가 자리 잡게 되었다.

(4) 팽창하는 우주의 단서

'우주가 동적이며 팽창한다'는 허블의 이론은 수용되었지만, '우주가 원시 원자에서 시작되었다'는 르메트르의 주장은 좀더 충분한 증거를 확보해야 했다. 프리드만의 제자이자 러시아의 물리학자인 가모프(George Gamow, 1904~1968)가 그 역할을 담당해 주었다. 당시 그는 원자핵 합성에 대한 연구를 하던 중 르메트르의 원시 원자 이론에 관심을 갖게 되었다. 그렇지만 르메트르의 원시 원자 개념으로는 우주 전체 물질의 90%를 차지하는 수소의 존재를 설명하기 어려웠다. 이를 해결하기 위해 가모프에게는 다른 접근이 필요했다.

가모프는 우주 탄생 초기의 고온 고압의 상태에서는 모든 물질이 아주 기본적인 상태로만 존재한다고 생각했다. 원시 우주가 팽창함에 따라 온도는 내려가고, 양성자와 중성자, 전자가 한 데로 뭉쳐서 여러 원자들이 생성되었다는 것이다. 이 연구는 가모프의 제자이자 천재적 수학 실력을 가진 앨퍼(Ralph Alpher, 1921~2007)와 함께 수행되었는데, 앨퍼는 우주 탄생 초기 몇 분 동안 우주가 생성되는 모델을 고안했다. 이 연구 성과를 바탕으로 1948년에 가모프와 앨퍼는 논문 「화학원소의 기원(The Origin of Chemical Elements)」을 통해 자신의 우주 모델을 발표하였다.

초기 빅뱅 이론에 관한 가모프와 앨퍼의 논문이 발표되자 많은 과학자들이 의문을 제기했다. 그들이 발표한 모델에서는 헬륨보다 더 무거운 원소들은 어떻게 생성되는지에 대해 밝히지 못했기 때문이다. 이를 해결하기 위해 가모프와 앨퍼는 많은 시간을 할애했지만, 이렇다 할 성과가 나타나질 않았다.

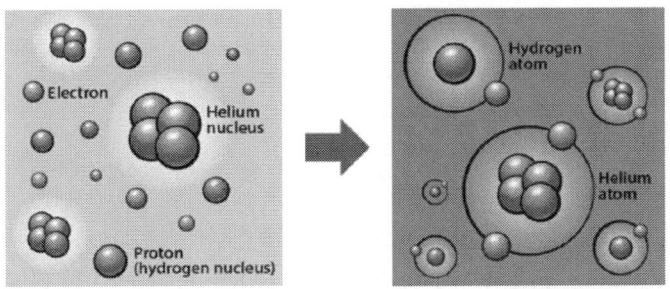

[그림 11.4] 원자의 생성 과정: 고온의 초기 우주(좌), 저온의 빅뱅 후 38만년 경 우주(우)

앨퍼는 그의 동료 허먼(Robert Hermann, 1914~1997)과 함께 초기 우주가 형성될 때에 우주의 온도가 내려가면 발생할 현상들에 대해 연구하고 있었다. 우주 탄생 이후 우주의 온도는 초고온 상태였기 때문에 전자와 원자핵이 서로 결합하지 못해 원자가 형성되지 않은 채로 자유롭게 다니는 플라즈마(plasma)[15] 상태의 우주였을 것이다. 플라즈마 상태의 우주 공간에서 빛은 전자와 원자핵의 방해를 받아 자유롭게 움직이지 못해 산란되기 때문에 당시 우주는 뿌옇고 짙은 안개처럼 불투명하고 혼탁했을 것이다.

이후 우주가 탄생한 지 300,000년이 지나자 우주의 온도는 3,000K(절대 온도, K)[16] 이하가 되었다. 드디어 수소나 헬륨 원자핵이 전자와 만나 수소와 헬륨 원자가 생성되었다. 이제 플라즈마 상태가 기체 상태로 전환되면서 빛은 직진할 수 있게 된 것이다. 우주에 뿌옇던 안개가 사라지고 투명해졌다.

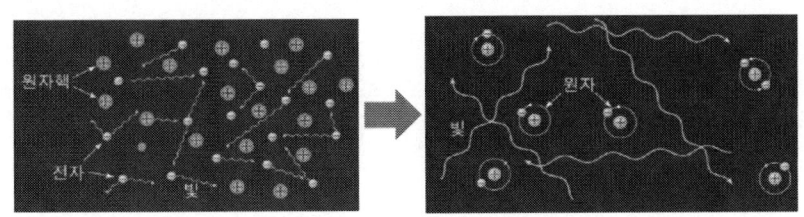

[그림 11.5] 빛의 이동 경로: 고온의 초기 우주(좌), 저온의 빅뱅 후 38만년 경 우주(우)

---

15) 초고온 상태에서 기체는 원자의 아원자들이 서로 분리되어 이온상태로 존재하는데, 이처럼 이온화된 기체 상태를 플라즈마라 한다.
16) 절대온도를 나타내는 단위 '켈빈(Kelvin, K)'이며, 273K는 0℃이다.

3,000K일 때 빛의 파장은 현재 빛의 파장에 $1/1,000mm$ 정도일 것으로 예상되지만, 적색 편이로 인해서 현재 우주의 온도는 2.7K 관측되므로 이 빛의 파장은 약 1,000배 정도 길어진 $1mm$ 내외일 것이라 추정된다.

만일 이들의 주장이 옳다면, 우기 초기 당시의 빛은 현재 우주 공간 어딘가를 떠돌고 있어서 $1mm$의 파장인 약한 마이크로파(microwave)가 가득할 것이다. 이를 '우주 마이크로파 배경복사(cosmic microwave background radiation, CMBR)'라 하며, 우주가 팽창하는 동안 우주 공간 전체에 고루 퍼져 있는 전자기 복사를 말한다. 이는 2.7K인 흑체복사(blackbody radiation)[17]의 성질을 지니고 있어 우주가 고온, 고밀도의 상태에서 생겨났다는 대폭발 우주론의 결정적 증거로 판단된다.

(5) 빅뱅 이론의 증거

1964년 우주배경복사는 미국의 벨 연구소의 연구원 펜지어스(Arno Allan Penzias, 1933~현재)와 윌슨(Robert Wilson, 1936~현재)의 등장으로 완성되었다. 1920년대 미국의 무선 통신망을 구축한 선구적 회사 AT & T는 그 당시 기술로 대서양 횡단 전파 전화 서비스를 제공할 수 있었다. 하지만 자연계에 존재하는 많은 전파 신호가 통화할 때 잡음처럼 들린다는 문제를 해결해야 했다. 이를 위해 전파 천문학자인 펜지어스와 윌슨은 라디오파 수신기를 이용해서 전파 발생원을 조사하던 중 전파 잡음이 탐사 방향과 관계없이 사방에서 일정하게 잡힌다는 사실을 발견하게 되었다. 라디오파 수신기가 상당한 양의 잡음을 방향에 관계없이 포착했기 때문에 그들은 수신기 장비 자체에서 발생하는 내부의 잡음을 제거하는 데 많은 시간을 보냈다. 그럼에도 불구하고 잡음의 원인을 찾아내지 못했다. 어느 날 그들은 수신기 가까이에 있는 비둘기와 그 배설물을 발견하고, 주변을 깨끗하게 치웠지만 정체 모를 잡음은 여전히 방향에 관계없이 포착되었다.

---

[17] 물체를 가열하면 빛이 방출되는데, 물체 온도가 상승할수록 방출되는 빛은 빨강빛(장파장)에서부터 보랏빛(단파장)으로 나타난다. 이와 달리 흑체는 빛을 반사하지 않는 불투명한 물체로서 모든 파장의 빛을 입사하는 각도와 무관하게 흡수하는 물체를 말한다. 사실상 모든 파장의 빛을 흡수하는 물체인 흑체는 없으므로 이상적인 물체에 해당된다. 상온에서 흑체는 적외선을 방출하기 때문에 까맣게 보이며, 흑체복사는 물체를 가열할 때 나오는 빛에 대한 연구이다.

[그림 11.6] 펜지어스와 윌슨이 비둘기를 잡기 위해 사용한 덫
(현재 스미소니언 국립 항공 우주박물관에 전시)

1964년 천문학회에 참석했던 펜지어스는 동료에게 이 문제에 대해 털어 놓았다. 디키(Robert Henry Dicke, 1916~1997)의 제자이자 펜지어스의 동료는 그 잡음이 우주배경복사일지도 모른다는 말을 해주었다. 동료의 의견대로 펜지어스와 윌슨은 그들이 그토록 제거하고자 노력했던 잡음의 근원이 우주배경복사라는 것을 확인한 후, 두 페이지 분량의 논문을 서둘러 작성해서 학회에 발표했다. 그 논문의 글자수는 총 600자 정도였지만 논문의 내용은 1978년 그들에게 노벨 물리학상 수상의 영광을 안겨주었다. 그들이 빅뱅이론의 강력한 증거인 우주배경복사를 우연히 발견한 것이다. 그들이 제거하려던 잡음은 바로 우주가 탄생한 지 1초도 지나지 않았을 때 생긴 빛의 흔적이었다.

펜지어스와 윌슨의 관심은 팽창하는 우주에 대한 것이 아니었지만, 그들의 논문은 우주론 논쟁에서 정적인 우주론의 종말을 앞당겼다. 동시에 팽창하는 우주 모델인 빅뱅이론의 결정적인 증거를 제공한 공로를 인정받아 펜지어스와 윌슨은 노벨 물리학상을 수상하게 되었다(1978년).

2) 정적인 우주론

프리드만, 르메트르, 허블 그리고 가모프의 발견을 통해 우주는 팽창하며, 어떤 한 점에서 시작했을 것이라는 사실을 알게 되었다. 이와 관련된 우주 기원을 설명하는 대표적 이론을 '빅뱅이론'이라 한다. 이 이론의 이름은 정적인 우주론을 주장하는 학자에게서 시작되었다.

1946년 프레드 호일(Fred Hoyle, 1915~2001), 토마스 골드(Thomas Gold, 1920~2004)와 헤르만 본디(Hermann Bondi, 1919~2005)는 우주의 팽창을 어느 정도 인정하면서도 창

조도 종말도 없는 불변하고 정적이며, 무한한 우주 모델을 만들고 싶었다.

우주가 무한하다면 우주가 더 커진다고 해도 무한할 것이다. 그리고 우주가 더 커짐에 따라 생겨나는 빈 공간에 새로운 물질이 계속해서 만들어진다면, 우주 전체는 일정한 밀도를 유지하게 되므로 변하지 않게 된다. 이것이 '정상상태 우주론(steady state theory, 정적인 우주론)'이다. 정상상태 우주론은 우주가 과거와 현재, 그리고 미래에도 모두 동일하다는 내용을 담고 있다.

우주가 팽창한다는 사실이 여기저기에서 발견되고, 우주 팽창에는 그 어떠한 중심도 없으며, 모든 은하는 서로 멀어지고 있다는 사실로부터 호일과 그의 동료들은 '우주에는 어떤 방향으로도 동일하다'는 우주 원리(Cosmological principle)를 받아들이게 되었다. 우주 공간은 어디서나 균일하고 등방적(等方的)이라는 우주 원리에 따르면, 우리가 살고 있는 우주가 다른 지역의 우주와 같을 뿐 아니라 우리가 살고 있는 시대가 다른 시대와 같다는 의미로서 우리는 우주의 특별한 장소에 살고 있는 것도 아니며, 특별한 시대에 살고 있는 것도 아니라는 것이다. 이는 아인슈타인이 일반상대성이론을 전체 우주에 적용할 때 사용되었던 원리이기도 하며, 동일하고 정적인 우주 개념을 보존하기 위해 아인슈타인은 '우주상수'를 도입했던 것이다. 호일, 골드와 본디 등은 빅뱅이론에 상당한 거부감을 가지고 있었는데, 별들의 나이보다 우주의 나이가 적다는 것과 빅뱅이론으로는 빅뱅 이전의 일을 설명할 수 없다는 것 때문이었다.

빅뱅이론은 빅뱅이 일어난 직후부터 우주의 진화과정을 설명하고 있다. 빅뱅이론이 말하는 팽창하는 우주는 우주가 팽창함에 따라 우주 공간은 더 넓어지지만 은하의 숫자는 그대로 유지되므로 우주의 밀도는 낮아지게 된다. 따라서 과거와 현재, 그리고 미래에 우주의 밀도가 모두 달라진다.

이와 달리 정상상태 우주 모델은 우주가 팽창하더라도 우주의 전체 밀도는 일정하게 유지되는데([그림 11.7]), 이는 빈 우주 공간에서 물질이 계속 생성되기 때문이라고 한다. 호일은 '창조장(Creation field, C field)'이라는 곳에서 새로운 물질이 생성된다고 주장했다. 그렇다면 우주의 밀도는 과거와 현재 그리고 미래에도 유지될 수 있고, 우주는 정적인 상태로 보이는 것이다.

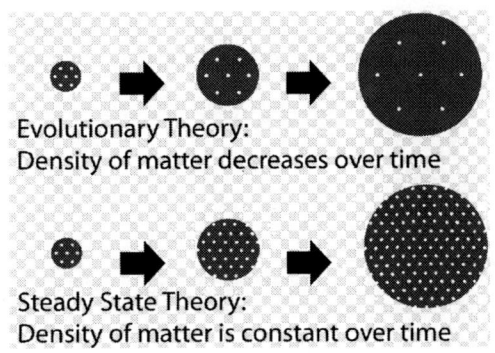
[그림 11.7] 빅뱅 모델과 정상상태 우주 모델

당시 호일은 대중에게 인기 있는 과학자들 중 한 사람이었다. 그는 자신의 우주 모델을 대중에게 강연하기 위해 1950년 BBC 라디오 방송에 출연해서 정상 상태 우주 모델과는 달리 다소 어설프고 신뢰감이 적은 우주 모델도 있다는 언급을 했다. 그 자리에서 호일은 자신의 주장과 대립되는 팽창하는 우주 모델을 묘사하던 중 '빅뱅(Big Bang)'이라는 단어로 표현했던 것이다. 팽창하는 우주 모델을 비웃으려는 의도에서 언급한 호일의 '빅뱅'이라는 말이 대중들에게는 상당히 쉽게 인식되었던 것 같다. 결국 정상상태 우주 모델을 주장하는 호일은 팽창하는 우주 모델에 매우 그럴듯한 이름을 붙여준 셈이 되었다.

1960년대에 들어 빅뱅이론을 지지하는 증거와 천문학적 발견이 속속 등장함에 따라 그에 관련한 이론이 확립되자 정상상태 우주론은 점점 그 입지가 줄어들면서 사라지게 되었다.

3) 도플러 효과

누구나 한번쯤은 기차의 경적소리나 구급차의 사이렌 소리를 들어본 경험이 있을 것이다. 이 소리를 주의 깊게 들어 보았다면 아마도 소리의 변화를 느꼈을지도 모른다. 그것은 기차가 다가올 때 크고 높게 들리던 경적소리가 기차가 멀어질 때에는 순간 작고 낮게 들리는 현상이다. 이는 소리나 빛을 내는 물체가 관측자에 대해서 움직일 때 주파수의 변화가 생기는 것으로서 '도플러 효과(Doppler Effect)'라고 한다.

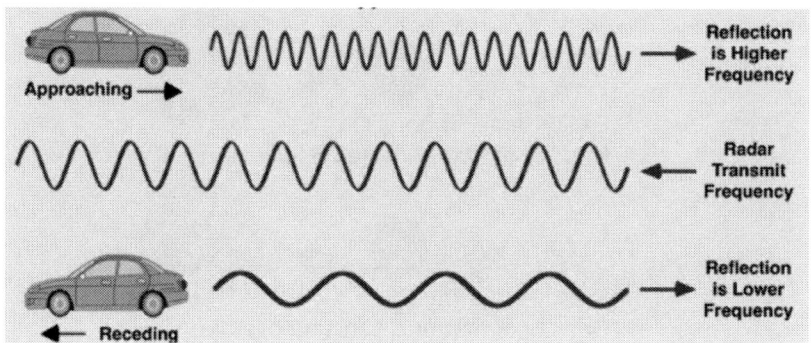

[그림 11.8] 도플러 효과: 관측자와 음원간의 거리에 따른 파장의 변화

1842년 오스트리아의 물리학자인 도플러(Johann Christian Doppler, 1803~1858)에 의해 발견된 것으로 소리를 내는 음원과 관측자의 상대적 운동에 따라 음파의 진동수가 다르게 관측되는 현상이다. 관측되는 음파의 진동수는 원래의 진동수와 음원과 관측자 사이의 상대속도에 의해 결정된다. 물체가 관측자를 향해서 접근해 오면 소리의 진동수가 증가하는 반면, 멀어지면 감소한다.

이러한 현상은 빛을 방출하는 물체가 관측자에게 다가올 때에도 동일하게 적용되는 것을 알 수 있다. 빛을 방출하는 물체가 관측자를 향해 다가올 때, 빛의 파장이 짧아지고(청색 편이, blue shift), 그 물체가 관측자로부터 멀어질 때는 관측되는 빛의 파장이 길어진다(적색 편이, red shift). 이때 빛을 방출하는 물체가 천체일 경우, 관측자로부터 멀어진다면, 빛의 한 파장을 내는 시간 동안 천체의 움직인 거리 때문에 정지해 있는 천체에 비해 파장이 더 길어진다.

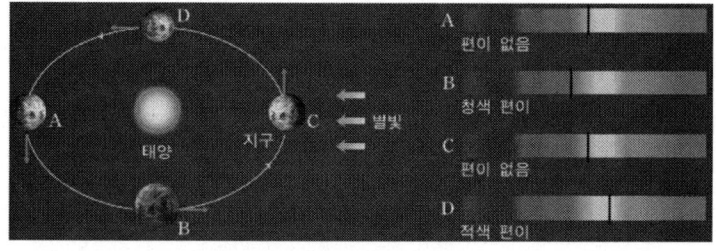

[그림 11.9] 적색편이

동일한 빛이라 가정할 때, 왼쪽이 태양 빛의 스펙트럼이라고 하고 오른쪽이 수십억 광년 떨어진 어느 별에서 날아온 빛의 스펙트럼이라고 한다면, 우주팽창에 의해서 그 별이 지구로부터 멀어지면서 빛을 방출하므로 도플러효과에 의하여 파장이 길어지게 되어 선스펙트럼(특정 파장의 빛이 흡수된 띠)이 적색 쪽으로 이동하게 된다는 것을 의미한다([그림 11.9]).

[그림 11.9]에서 따르면, 공전하는 지구가 B의 위치에 있을 경우, 별빛을 향하는 방향으로 이동하므로 지구 B와 별빛의 거리는 지구 D의 위치에 비해 더 가까워지고 있다. 이때 지구 B에서 관측되는 별빛은 그렇지 않은 위치(지구 A, C)에서 관측되는 별빛에 비해 더 푸른빛으로 보인다. 이와 달리 지구 D에서 관측되는 별빛은 정지해 있는 위치에서 관측되는 별빛에 비해 더 붉은 빛으로 보인다.

2 별의 세계

1) 열역학법칙: 에너지

우주를 구성하는 주요한 두 가지 성분 중 하나는 물질(matter)이며, 다른 하나는 에너지(energy)이다. 일(work)은 어떤 거리를 따라 물질을 이동시키는 힘의 결과로 정의한다. 가방을 들어서 옮겼다면 일을 한 것이다. 이와 같이 물질의 이동은 에너지에 의해 가능하다. 에너지를 이해하는 것은 물리학이나 화학을 이해하는 데에 매우 중요하다.

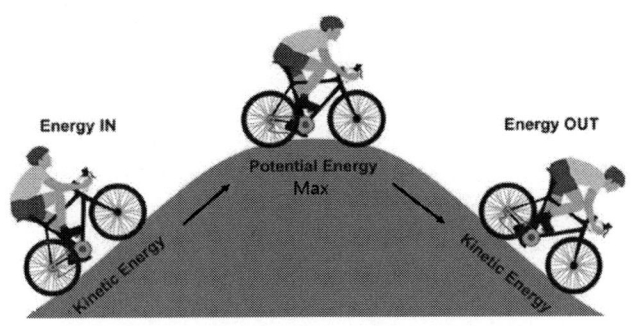

[그림 11.10] 운동에너지와 위치에너지

어떤 물체에 존재하는 에너지의 총량은 두 가지 형태의 에너지, 즉 위치에너지(potential energy)와 운동에너지(kinetic energy)의 합이다. 위치에너지는 일을 하는 데 가용된 저장된 에너지이다. 운동에너지는 일을 하는 데 사용 중인 에너지인데, 움직이는 모든 물체는 운동에너지를 가진다.

열역학은 에너지 전환을 연구하는 학문 분야이며, 열역학법칙(Law of thermodynamics)은 자연계 물리법칙에서 가장 근본적인 법칙이자 일반적인 법칙 중 하나이다. 이는 생명에 필수적인 에너지 전환뿐만 아니라 무생물계에서 일어나는 에너지 전환을 조절한다.

(1) 열역학 제1법칙

열역학 제1법칙은 에너지 보존의 법칙이다. 이에 따르면, 에너지는 여러 가지 종류가 있어서 한 종류의 에너지가 다른 종류의 에너지로 바뀔 수는 있지만, 에너지의 총량은 항상 일정하게 유지된다. 에너지는 새로 만들어지거나 없어지지 않고 단지 다른 형태로 전환될 뿐이다. 따라서 우주에 존재하는 전체 에너지양은 항상 일정하다. 1905년 아인슈타인은 질량이 에너지로, 에너지가 질량으로 상호 변환될 수 있다는 것을 수식 $E=mc^2$ 을 통해 밝혔다. 따라서 에너지 보존의 법칙은 에너지-질량 보존의 법칙이기도 하다.

열(heat)은 에너지의 한 종류이다. 한 물체의 열이 높은 온도에서 낮은 온도로 흘러간다고 하더라도 에너지 총량은 변하지 않는다. 물체의 온도가 낮아진다는 것은 열에너지가 '0'이 되어 사라지는 것이 아니라 주위 환경으로 넓게 퍼지는 것이기 때문이다. 그렇지만 열은 높은 온도에서 낮은 온도로 한 방향으로만 흐를 뿐 낮은 온도에서 높은 온도로 흐르지는 않는다.

또한 운동에너지는 모두 열에너지로 전환 가능하다. 움직이는 물체에 마찰력이 작용하면, 이 물체의 운동에너지는 모두 열에너지로 바뀌게 되므로 결국 물체는 정지하게 된다. 이와 달리 열에너지는 그 일부만 운동에너지로 전환될 뿐이다. 이 현상에 대한 원인을 알아내려면, 이제 열역학 제2법칙을 살펴보아야 한다.

(2) 열역학 제2법칙

모든 반응은 에너지의 일부를 열의 형태로 주변에 방출하므로 모든 에너지 전환은 비효율적이라 할 수 있다. 방출되어 사라진 에너지는 결코 유용한 에너지로 되돌아오지 않으므로 이 과정은 비가역적이다. 열에너지는 무작위적인 분자 운동에서 생겨나기 때문에 무질서하다. 모든 에너지는 결국 열로 전환되고, 열은 무질서하므로 모든 에너지의 전환은 무질서를 증가시키는 방향으로 일어난다. 이와 같이 무작위도로 향하는 무질서한 정도를 '엔트로피(entropy)'라고 한다.

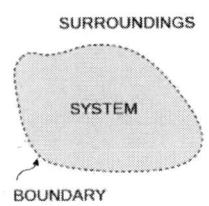

[그림 11.11] 주위 환경과 계를 표현하는 모식도

① 계

'계(system)'란 열역학 분야에서 관심의 대상이 되는 정해진 양의 물질이나 공간을 말하며, 이는 주위 환경과 물질이나 에너지의 교환 여부에 따라 세 가지로 구분된다. 열린계(open system)는 주위 환경과 물질이나 에너지의 교환이 가능한 세계이다. 닫힌계(closed system)는 주위 환경과 에너지 교환만 일어나고, 물질 교환은 차단된 세계이다. 고립계(isolated system)는 열린계와 반대로 물질과 에너지의 교환이 허용되지 않은 세계이다.

[그림 11.12] 열린계(좌), 닫힌계(중), 고립계(우)의 비유

[그림 11.12]에서 그 예를 들어 살펴보자. 열린계는 뜨거운 물이 담겨있는 뚜껑이 열린 컵(open cup)에 비유될 수 있다. 이는 주위 환경으로 열(에너지)을 방출할 뿐 아니라

컵 안으로 물질(물 또는 커피, 설탕 등)을 더 붓거나 넣을 수도 있다. 닫힌 컵(closed cup) 안의 뜨거운 물은 주위 환경으로 열(에너지)만 교환할 수 있으므로 닫힌계라 할 수 있다. 보온병은 주위 환경과 에너지도, 물질도 교환할 수 없기 때문에 고립되어 있는 상태이므로 고립계라 할 수 있다.

② 엔트로피 증가의 법칙

한 계(system)의 무질서 정도가 증가하면, 엔트로피도 증가하게 된다. 이는 닫힌계(closed system)로 간주할 때 적용되므로 태양을 비롯한 우주 전체의 엔트로피는 항상 증가하고 있다. 따라서 열역학 제2법칙을 '엔트로피 증가의 법칙'이라 한다. 운동에너지가 열에너지로 전환되고, 열이 높은 온도에서 낮은 온도로 흐르는 모든 것들은 자연에서 일어나는 변화의 방향이다. 자연에서는 충분히 섞여서 더 이상 섞일 수 없는 상태가 되면 변화는 일어나지 않는다.

열역학 제2법칙을 좀 더 정확히 기술한다면, '닫힌계에서는 자발적 변화에서 엔트로피가 증가한다'이다. 우주 전체는 대표적인 닫힌계이다. 따라서 우주 내에서 엔트로피는 자발적 변화에서 증가하게 된다.

열역학 제2법칙은 닫힌계의 범위 내에서 성립한다. 열린계에서는 엔트로피가 감소할 수 있다는 의미가 된다. 그러려면 대가가 요구된다. 한 계의 엔트로피를 감소시키기 위해서는 외부에서 그 계에 물리적인 '일'을 제공해야만 한다. 만약 외부에서 어떤 계에 열의 형태로 에너지를 공급해 주면, 이 계는 그 열의 일부를 이용해서 자신의 구성 상태를 보다 높은 확률의 구성 상태로 바꾼다. 그리고 남은 열로 물리적인 일을 한다. 그렇기 때문에 엔트로피는 열량 가운데 물리적인 일을 할 수 없는 양을 나타내는 물리량이다.

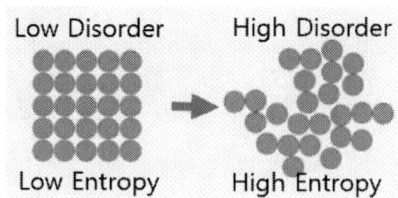

[그림 11.13] 엔트로피의 증가: 무질서도 증가

엔트로피는 중력에서도 아주 중요한 역할을 한다. 다름 아닌 블랙홀 때문이다. 블랙홀은 중력이 극단적으로 강력한 시공간의 영역으로서, 빛조차도 사건의 지평선(event horizon) 안에서는 밖으로 빠져나가지 못한다. 그렇다면 엔트로피를 가진 물질이 블랙홀로 들어갈 때 우주의 전체 엔트로피는 감소하게 되므로 엔트로피 증가의 법칙과 모순된다. 따라서 블랙홀도 엔트로피를 가져야 하며, 그 크기는 사건의 지평선의 면적에 비례한다는 것이다.

2) 태양에너지

태양은 적어도 지구에 사는 생물들에게 없어서는 안 될 필요한 에너지를 제공하는 근원이다. 식물은 광합성 과정 동안에 산화된 형태의 물질을 환원된 형태의 물질로 합성하게 된다. 낮은 에너지 상태인 물질을 높은 에너지 상태인 물질로 합성하여 식물의 뿌리나 줄기, 잎 또는 열매 등에 저장하는 이 과정의 중심에는 태양에너지가 존재한다. 생태계에서 생산자 역할을 하는 식물을 먹이로 하는 먹이사슬에 얽힌 수많은 포식자들이 식물 광합성의 혜택을 누리고 있는 것이다. 뿐만 아니라 우리가 사용하는 모든 연료의 근원이 태양이며, 태양계의 행성들과 그 위성들, 소행성 및 수많은 천체 등은 태양을 바라보며 오늘도 움직이고 있다.

지구에서 관측되는 태양은 황색이며, 그 무게는 지구 질량의 33만 배에 해당하는 $5.9736 \times 10^{24} kg$이다. 이는 모든 행성들의 질량 총합의 750배 이상에 해당하며, 태양계 전체 질량의 99.85%를 차지한다.

(1) 태양의 나이

현재 태양의 나이는 약 50억 년 정도로 추정되며, 앞으로도 최대 100억 년 정도의 수명이 남았다고 계산된다. 태양은 초당 약 $9.2 \times 10^{22} kcal$ 정도의 에너지를 생산해 내는데, 이는 핵폭탄 약 10^{15}개와 맞먹을 정도의 위력이다. 태양은 잠시도 쉬지 않고 태양이 형성된 그때부터 지금까지 이렇게 어마어마한 양의 에너지를 만들어내고 있다. 만일 태양이 자신의 수명을 다해서 더는 에너지를 생산해 낼 수 없다면, 태양은 빛을 잃고 수명을 다해 죽은 별이 될 것이다.

태양은 태양계 모든 천체들이 움직이는 중심이 되는 천체로서 스스로 빛과 열을 만들어내는 유일한 항성이다. 화성이나 목성들과 같은 행성들이 밤하늘에서 빛을 내고 있는 것처럼 관측되지만 사실 그 빛은 태양빛을 받아 반사시킨 것이다.

태양처럼 스스로 에너지를 생산해서 빛과 열을 만들어내는 천체들을 별 또는 항성이라 한다. 항성의 중력에 붙들려서 그 천체의 주변을 도는 지구와 같은 행성들이 태양계를 구성하고 있다. 그렇다면 태양은 어떻게 지난 50억년 동안 그리고 앞으로 남은 100억년의 긴 세월 동안 빛과 열을 어떻게 만들었으며, 또 만들 수 있을까?

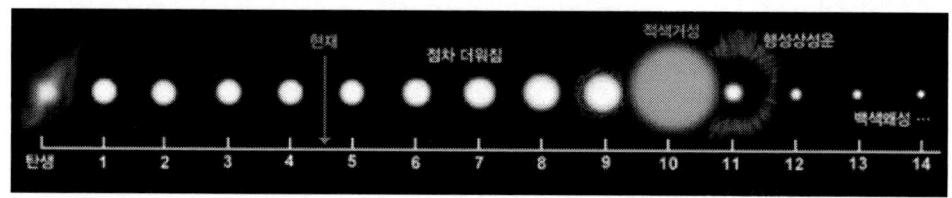

[그림 11.14] 태양의 일생(단위: 10억년)

(2) 태양의 형성

지구에 도달해서 우리 눈에 비치는 태양빛은 태양 표면에서 약 8분 20초 전에 출발한 것이다. 이는 빛이 태양에서 지구까지의 거리 1억 5천만km를 달려오는 데 걸리는 시간이다. 더 놀라운 것은 태양에너지는 실제로 태양 중심에서는 수백만 년 전에 출발했다는 것이다. 태양 중심에 있는 수소 원자들의 핵융합 반응으로 발생한 에너지가 태양의 표면까지 뚫고 나오는 데에는 무척 많은 시간이 걸린다는 의미이다.

광활한 우주 공간에는 성간물질이 존재한다. 이는 수소와 몇몇 다양한 원소들로 구성되어 있으며, 그 질량으로 인해 형성된 중력은 성간 물질 주변의 다른 기체나 먼지구름들을 서서히 끌어당긴다. 거리가 가까워질수록 각 원자들의 이동 속도는 증가하며, 한 장소에서 만나 충돌하게 된다. 이들의 부피가 증가함에 따라 질량과 중력은 더욱 증가하게 되어 주변의 물질이 거의 남지 않게 된다. 충분히 부피에 이르게 되면 각 원자들은 중심부로 향하는 자체 중력에 위해 수축하며, 운동량 보존법칙에 따라 원자들의 운동은 더 활발해지고 충돌은 더 빈번해진다. 모든 별이 자전하는 이유도 이 때문이다. 이들이 수축하면서 위치에너지가 열에너지로 전환된 것이다. 성간물질의 내부 온도는 점점 상승하여 약 1억°C 정도가 되면, 내부에 있는 수소 원자들의 핵융합 반응이 일어나기 시작한다. 이제 빛을 발하게 된다. 별의 탄생이다.

사실 성간물질이 위치하고 있는 우주 공간은 약 10K 정도 미만으로 매우 차갑다. 이 차가운 곳에서 뜨거운 별이 탄생하게 된다. 만일 성간물질 주변 온도가 높다면, 열에너지로 인해 원자나 분자 운동이 활발해져서 중력에 의한 응축이 쉽지 않을 것이다.

별이나 그 밖의 천체들은 모두 자전을 하고 있다. 한 자리에서 정지한 채로 있는 것은 없다. 천체가 되기 전 운동 중이었던 각 물질들은 운동상태인 채로 성운의 중력에 의해 끌려가게 된다. 따라서 별은 자전하게 된다.

(3) 태양에너지의 원리

① 우주에서 가장 풍부한 원소

원소주기율표의 첫 번째 자리에 위치한 원소는 바로 수소이다. 수소는 가장 가벼운 원소가 우주 질량의 약 75%를 차지한다고 하니 그 양이 얼마나 많을지 짐작할 수 있다. 지구상에 존재하는 수소는 주로 이원자 분자(H_2)인 기체 상태이지만, 태양을 포함한 항성에서는 주로 플라즈마(plasma) 상태로 존재한다.

자연에서 수소는 3가지 동위원소, ^1H(경수소), ^2H(중수소, deuterium, D), 그리고 ^3H(삼중수소, tritium, T)로 존재하며, 이들 중 ^1H가 99.98% 이상을 차지한다. 수소는 대부분의 원소와 화합물을 형성하는데, 특히 탄소와 공유결합을 하고 있는 화합물인 탄화수소(hydrocarbon) 등의 유기화합물은 수백만 가지 이상이다. H_2의 녹는점은 -259℃이며, 끓는점은 -253℃로 헬륨 다음으로 낮다. 0℃ 1기압에서의 기체 밀도는 $0.090g/L$로 기체 중에서 가장 가볍고, 녹는점에서의 액체 밀도는 $0.07g/cm^3$로, 액체 중에서는 가장 가볍다.

② 수소 핵융합 반응

1초 동안에 태양이 우주공간에 방출하는 에너지의 양은 $9.2 \times 10^{22} kcal$로 인류가 지금까지 만들어낸 에너지보다 더 많은 양이다. 태양이 방출하는 에너지의 극히 일부인 1/20억 만이 지구 표면에 도달하고 그 나머지는 우주 공간으로 흩어지게 된다. 태양에너지는 주로 전자기파로서 지구에 도달하지만, 그 밖에 미립자의 흐름도 있다.

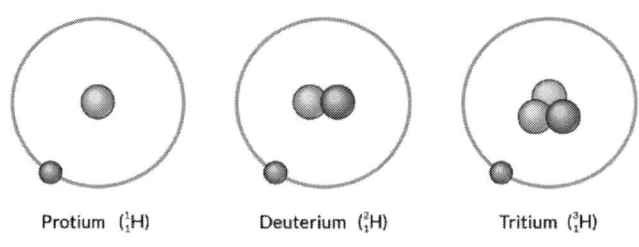

[그림 11.15] 수소의 동위원소

    태양은 뜨겁고 거대한 기체 덩어리로서 1,600만K인 중심부의 온도가 6,000K인 표면에 비해 상대적으로 높은데, 이는 태양의 중심에서 수소가 핵융합 반응을 통해 헬륨으로 변하면서 밖으로 빠져나올 때 그 열이 식어버리기 때문이다. 태양의 모든 에너지는 수소 핵융합 과정에 의해 만들어진다. 태양이 에너지를 생산해내는 방식인 핵융합 반응이란 가벼운 원소의 핵이 합쳐져 무거운 원소의 핵을 만드는 반응이다. 수소 핵융합 반응은 수소 원자 4개가 모여 하나의 헬륨 원자로 변환되는 과정이다.

    수소 원자 질량은 1.0079이고, 총질량은 수소 원자 4개의 총 질량 4.0316이다. 이들의 핵융합 이후 생성된 헬륨 원자 질량은 4.0026이다. 반응물의 총 질량이 생성물의 질량보다 더 크다. 헬륨 원자를 생성하고 남은 질량 0.029에 해당하는 물질은 어디로 사라진 걸까?([그림 11.16])

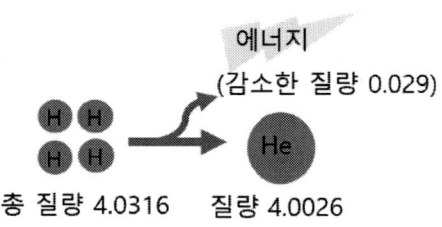

[그림 11.16] 수소 핵융합 반응식

    이 문제를 해결하기 위해 아인슈타인의 특수상대성이론에서 제안된 수식 $E=mc^2$을 떠올려야만 한다. 이 식은 질량을 가진 물질과 에너지는 상호교환이 가능하다는 것을 표현한다. 4개의 수소 원자가 핵융합 반응 후 헬륨 원자를 생성하고도 남은 질량은 $E=mc^2$에 의해 에너지로 전환된다. 즉 반응물에 비해 감소한 생성물의 질량은 상수

(빛의 속도, 300,000km/s)의 제곱 값과 결합하면서 에너지가 생성되는 것이다. 빛의 속도는 커서 아주 작은 질량이라도 큰 에너지로 변환 가능하다.

핵융합 반응에 의한 에너지 생산은 질량보존의 법칙과 에너지보존의 법칙을 증명하고 있는 셈이다. 이 원리로 태양을 비롯한 수많은 항성들이 오랜 세월 동안 엄청난 열에너지와 빛에너지를 생성하고 있으며, 동시에 태양과 항성들의 질량은 서서히 감소하게 된다.

3) 별의 일생

중세시대의 연금술이란 납이나 고철과 같은 값싼 금속을 금으로 바꾸려는 것을 말하지만, 당시 연금술사들의 시도는 한 번도 성공하지 못했다. 이후 19세기에는 납과 금은 서로 다른 원소이며 화학적 반응을 통해서는 절대 바뀔 수 없다는 것을 알게 되었다. 19세기 말 우연히 발견된 방사선으로 인해 인류는 한 원소가 방사선 붕괴를 통해 다른 원소로 바뀔 수 있다는 뜻밖의 사실을 알게 된 것이다. 과학자들은 자연의 방사성 원소로부터 방출되는 입자들을 이용하여 원소 변환법을 발견했고, 한 원소를 다른 원소로 바꾸는 인공 변환법을 개발하기에 이르렀다.

우주가 팽창하면서 식어가는 동안 물질의 기본 입자들을 재료로 가벼운 원소인 수소와 헬륨이 먼저 생성되었다. 이들의 질량으로 인해 중력이 발생되었고, 물질들은 한 곳으로 모여들게 됨에 따라 상대적으로 밀도가 높은 장소들이 생겨나기 시작했다. 바로 그 곳에서 별이 탄생한 것이다. 생명체를 구성하는 재료인 여러 원소들은 별들의 생성, 성장, 그리고 죽음과 관련된다. 우주 탄생인 빅뱅 직후 우리가 알고 있는 모든 힘, 에너지 및 물질이 작은 공간에 함께 섞여 있었다. 빅뱅 후 1/1백만 초의 시간이 지나면서 중력이 드러나고 물질의 기본 입자인 쿼크(quark)를 결합시키는 강한 핵력이 분리되어 나오면서 쿼크와 가벼운 소립자인 렙톤(leptone)이 구분되었다. 전자기력과 약한 핵력이 드러나면서 현재와 같은 중력, 전자기력, 약한 핵력, 그리고 강한 핵력이 어디에나 존재하는 우주가 형성되었다.

오늘날 자연계에 존재하는 네 가지의 힘은 중력, 전자기력, 강한 핵력, 약한 핵력이다. 이들에 의해 기본 입자들이 모여서 무거운 입자들을 형성하기 시작했으며, 쿼크에 강력이 작용하면서 양성자와 중성자가 만들어지고, 쿼크들이 양성자와 중성자의 크기보다 더 가깝게 접근하면 매우 강한 힘으로 당겨져 양성자와 중성자 안에 갇히게 된다. 빅뱅 후 1초가 지나는 사이에 우주의 온도는 더 낮아지게 되자 양성자 수가 변하지 않고 일정하게 유지되면서 우주는 현재의 상태에 이를 수 있었다.

빅뱅 후 3분 정도가 지났을 때 양성자와 중성자가 결합하여 중수소 원자핵을 형성하게 되었고, 이후 중수소 원자핵이 다른 중성자와 결합하여 삼중수소 원자핵을 형성했다. 계속해서 삼중수소는 다시 양성자와 결합하여 헬륨-4(^4He) 원자핵을 형성할 수 있었다. 빅뱅 3분 이후에는 남아있던 대부분의 중성자가 헬륨의 원자핵에 갇혔으며, 빅뱅 30만 년 후 우주의 온도가 약 3,000K로 식었다. 드디어 수소 원자핵과 전자가 만나서 수소 원자를 형성하였고, 헬륨의 원자핵이 전자와 결합하여 헬륨 원자를 형성하였다. 중력의 작용으로 수소 원자들은 한 데 모여서 별이 탄생할 수 있었으며, 이러한 핵융합 반응은 태양 정도 크기의 별에서 일어나고 있다.

태양은 지난 50억 년 동안 핵융합 반응을 하면서 에너지를 생성하고 있는데, 앞으로 50억 년 동안 동일한 작업을 계속할 수 있다. 하지만 그 후 50억 년이 더 지나면, 핵융합 반응을 일으키는 재료인 수소가 소진된다. 수소 핵융합으로 인한 에너지를 방출하는 태양의 수명이 다한 것이다. 별은 100억 년 동안 수소를 모두 소모하게 되면, 다음 단계로 헬륨을 원료로 하여 스스로 빛을 낸다.

헬륨 핵융합 반응은 세 개의 헬륨 원자핵이 융합해서 한 개의 탄소-12(^{12}C) 원자핵을 형성하는 과정이다. 이후 탄소로 전환될 헬륨 원자가 모두 소진되면, 그 이상의 융합이 발생하여 산소 -16(^{16}O) 와 더 무거운 원소로도 합성될 수 있다. 이 과정은 항성의 질량에 따라 다른 과정을 보이는데, 질량이 매우 큰 거대한 별은 수소, 헬륨, 탄소, 산소, 네온, 마그네슘, 규소, 철의 순서로 핵융합 반응을 한다.

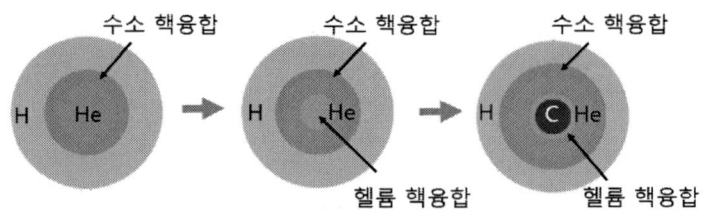

[그림 11.17] 태양 내부에서 핵융합으로 생성되는 원소

태양의 지름은 약 139만km로 지구지름의 109배, 부피는 지구의 130만 배 정도이며, 질량은 지구의 33만 배 정도이지만, 태양은 다른 항성들에 비해서는 그다지 큰 항성에 속한 것은 아니다. 따라서 태양의 질량을 감안해 볼 때, 수소, 헬륨, 탄소의 순서에서 핵융합 반응을 마감하게 된다. 이러한 일련의 모든 반응이 끝나면 태양 중심부는 탄소로 가득 차게 될 것이다.

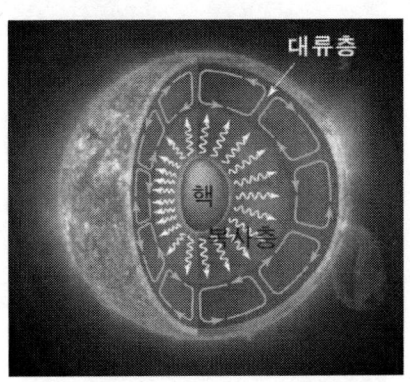

[그림 11.18] 태양 내부 구조: 핵, 복사층, 대류층

핵융합 반응에서 발생하는 태양에너지는 육안으로는 볼 수 없는 감마선(γ ray)의 형태로 방출된다. 감마선은 아주 오랜 기간 동안 태양의 복사층과 대류층을 거쳐 태양 표면인 광구까지 올라오는데, 그 과정에서 가시광선으로 변하게 된다. 태양에서 방출되는 복사에너지의 형태는 다양하며, 그 파장과 에너지가 다르다.

(1) 수소부터 철까지

우주에는 현재까지 100여 종의 원소들이 존재한다고 알려져 있다. 우주에 존재하는 질량이 많은 무거운 원소를 만들려면 빅뱅으로 인해 생성된 가벼운 원소들이 핵융합하면 된다. 단, 핵융합 반응을 진행시킬 정도로 우주가 뜨거워야 한다는 조건이 충족되어야 한다. 하지만 우주는 지금도 빠르게 팽창하면서 식어 가고 있다. 시간이 지날수록 우주가 현재보다 더 뜨거워질 가능성은 없다는 것이다. 그렇다면 나머지 원소들은 언제 어디서 어떻게 만들어지는 것일까?

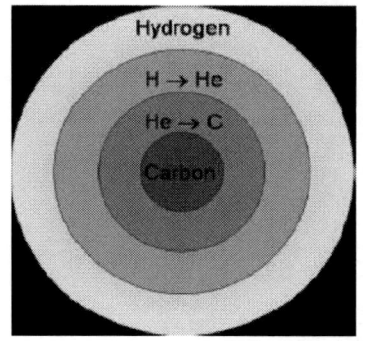 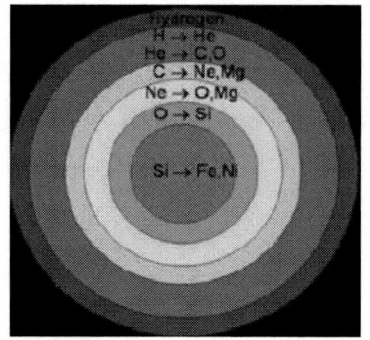

[그림 11.19] 탄소 생성(좌)과 철 생성(우)으로 생을 마감하는 별의 내부 구조 모식도

온도(K)	밀도(g/cm^3)	핵융합반응	지속시간
1,000만	5	$^1H \rightarrow\ ^4He$	1,000만년
2억	7×10^2	$^4He \rightarrow\ ^{12}C,\ ^{16}O$	1,000,000년
6억	2×10^3	$^{12}C \rightarrow\ ^{20}Ne,\ ^{24}Mg$	600년
12억	5×10^5	$^{20}Ne \rightarrow\ ^{24}Mg$	1년
15억	1×10^7	$^{16}O \rightarrow\ ^{28}Si,\ ^{32}S$	6개월
27억	3×10^7	$^{28}Si \rightarrow\ ^{56}Fe,\ ^{59}Ni$	1일

[표 11.1] 별의 각 단계에서 진행되는 주요 핵융합반응

별의 핵융합 반응을 통해 생성할 수 있는 가장 무거운 원소는 원자량이 56인 철(^{56}Fe)이다. 한 원자가 핵융합하면서 다른 원자로 변환되는 데에는 핵융합 반응과 핵분열 반응이다. 반응의 명칭에서 알 수 있듯이 이들은 서로 반대 과정이다. 핵융합은 수소나 헬륨과 같은 가벼운 원자핵들이 융합해서 보다 무거운 안정된 원자핵으로 변환하는 것인 반면, 핵분열은 우라늄(U)이나 라듐(Ra)과 같이 무거운 원자핵들이 분열하여 보다 가벼운 안정된 원자핵으로 변환하는 것이다. 그렇지만 두 반응 결과, 마지막에 형성되는 원소는 철(Fe)이다. 이는 핵반응이 안정된 원자핵을 만드는 방향으로 진행된다는 것을 의미한다.

안정된 원자핵이란 결합에너지가 큰 원자핵이며, 핵자(nucleon, 양성자와 중성자) 사이에는 이들을 핵 속에 묶어두려는 강한 핵력이 작용한다. 그렇기 때문에 작은 원자핵이 더 큰 원자핵으로 변환되는 것이 어느 시점까지는 더 효과적일 수 있다. 하지만 철

원자의 핵 그 이상의 원자핵 내에서는 양성자들 사이에 강한 척력이 작용하므로 결합에너지는 오히려 작아진다. 따라서 철보다 무거운 원자핵들은 붕괴한 후 철을 형성하게 되는 것이다.

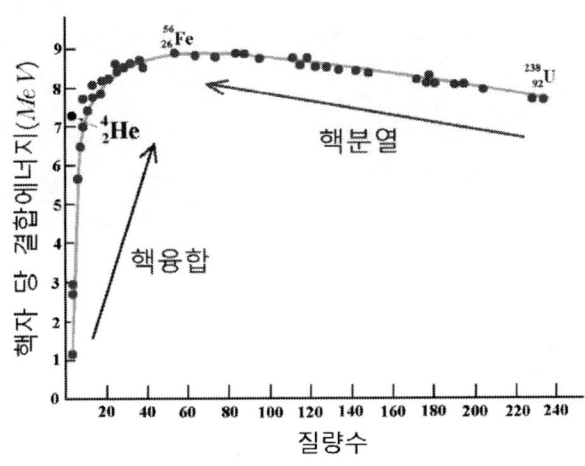

[그림 11.20] 핵반응에서 가장 안정적인 원자 철

(2) 철보다 무거운 원소

안정적인 철 그 이상의 무거운 원소가 다시 철로 변하려고 한다면 철보다 무거운 원소는 어떻게 형성될 수 있을까? 에너지 투입이 그 해답이다. 철보다 무거운 원자를 만들려면 에너지를 가하여 에너지의 일부를 질량으로 전환해야 한다. 그러기 위해서 중성자 포획 과정이 필요하다.

원자질량의 거의 절반 이상을 차지하는 중성자는 사실 원자의 핵융합 반응에서 매우 중요하다. 전기적으로 중성인 중성자는 자신과 다른 전하나 입자들을 밀어내지 않기 때문에 쉽게 원자핵으로 들어가 다른 입자들과 결합할 수 있다. 이렇게 중성자가 원자핵에 단순히 더해져서 만들어지는 것은 새로운 원소가 아니라 질량이 다른 동위원소가 된다. 하지만 일부 원자들은 중성자의 수가 더해짐에 따라 불안정해질 수 있으며, 이때 중성자가 자발적으로 전자를 방출하고 양성자로 변환되어 새로운 원소가 만들어진다 ($_0^1 n \rightarrow \,_{+1}^{1} p + \,_{-1}^{0} e$).

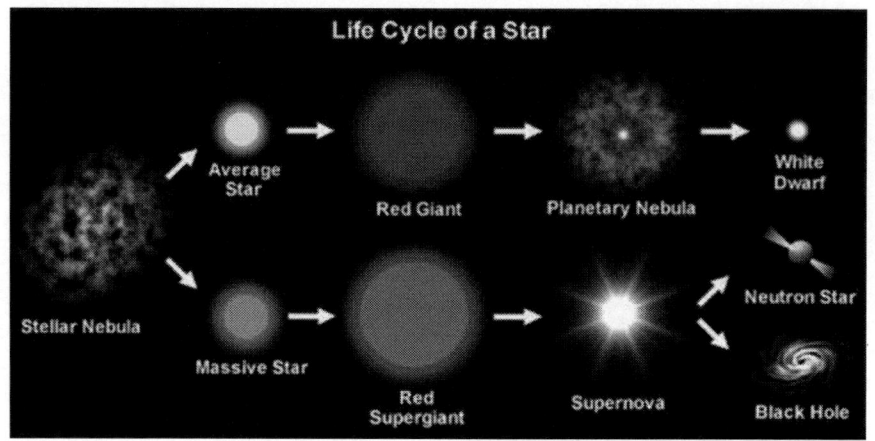

[그림 11.21] 별의 일생

참고문헌

참고문헌

1. R. Russell, Chaos and Complexity, Vatican Observatory Publications(2000).
2. E. J. Gardner et al., Principles of Genetics, John Wiley & Sons(1991).
3. B. Alberts et al., Molecular Biology of the Cell, Garland Publishing(1994).
4. R. Lewis et al., Life, McGrawHill(2009)
5. M. Hoefnagels, Biology; Concepts and Investigations, McGraw-Hill Companies, Inc.(2020).
6. A. N. Whitehead, Science and the Modern World, Cambridge University Press(1997).
7. M. Hitoshi et al., Newton Highlight, Newton Korea(2011).
8. I. Barbour, When Science meets Religion, Society for Promoting Christian Knowledge(2000).
9. H. Ross, The Creator and the Cosmos, NavPress(1995).
10. S. Kauffman, At Home in the Universe: The Search for Laws of Self-Organization and Complexity, ScienceBooks(2002).
11. A. O'hear, An Introduction to the Philosophy of Science, Oxford University Press(1989).
12. R. Wallace et al., Biology: The Science of Life, Harper Collins Publisher(1991).
13. R. L. Devaney, Chaotic Dynamical systems, Addison-Wesley Publishing(1992).
14. Martin Gardner, Mathematical Circus. MAA Spectrum book(1992).
15. Lionel Salem, Les Plus Belles Formules Mathematiques, Masson Press(1997).
16. J. A. Paulos, Beyond Numeracy(1994).
17. Sugaku Cho Nyumon, Akiras Kooriyama, Nippon Jitsugyo Publishing(2001).
18. J. W. Hill, T. W. McCreary, Chemistry for Changing Times, Pearson Education(2016).
19. Nivaldo J. Tro, Introductory Chemistry Pearson Education(2015).
20. K. Timberlake, W. Timberlake, Basic Chemistry, Pearson Education(2017).
21. 김희수, 천체관측, 시그마프레스(2014).
22. 이수대, 우주와 인간, 북스힐(2011).
23. 최재희, 자연과학의 역사, 교우사(2013).
24. 최재희, 민경진, 우주의 비밀, 교우사(2013).